自養野生酵母，手作健康麵包

用時間魔法喚醒食材香氣與養分，降低升糖指數，減少麩質過敏，
增加礦物質吸收的法式烘焙秘訣

慕尼・亞布德里（MOUNI ABDELLI） 著

趙德明（Frederic） 譯

常常生活文創

目 錄

引言

在這個一切講求快速的年代，有沒有可能透過簡單的手作與耐心，重新找回生活的樂趣所在？在這個無止境追求機械化、高效率，從而失去生活成就感的年代，有沒有可能從日常生活裡最基本的事物，讓機械化的工業模式退到一旁？譬如說，我們每天所吃的麵包。

我永遠記得母親做麵包的畫面。她謹慎地選擇材料，用手攪和著麵粉和水，總是把門窗關上以免突然來的一陣風打亂了麵團的發酵……小孩子們都盯得目不轉睛，忙著等待麵包烤好的那一瞬間。總是迫不急待趁著還冒著蒸氣的時候，品嘗那最純粹的麵包香味，或者簡單抹上一層薄薄的農家奶油，咬下去的瞬間，打從心底升起一股幸福的感受！而這股幸福在如今繁忙的社會裡已經不容易見到了。

在仔細研究了麵團，這種世上最神奇的東西之後，我忍不住問自己是否「時間」才是做出美味麵包最重要的材料？雖然過程中需要大量的耐心，但是這一趟探索真正麵包滋味的旅程，絕對能讓你心滿意足。

在探索真正麵包滋味的同時，我也理解到製作真正的麵包，不僅能帶給我幸福，更可以帶給我健康的身體。多年以來，我很少製作 30 分鐘內就能完成的快速發酵麵包，這不只是個人喜好的問題，而是這樣的麵包讓胃腸不好消化，而且對大部分人皆是如此。

如果我們靜下來想想，麵包的構成雖然極度簡單：麵粉、水、鹽巴，但是這些普通的材料卻能製作出如此複雜、有深度的味道！這中間的轉化過程，如何不令人感到神奇？這個過程讓人類可以從小麥當中提取最大程度的營養，一旦轉化成麵團後便可以創造出另外一種神奇的食物，充滿香氣與富足的口感，讓我們的五感得到滿足的味道。

你有沒有曾經在嘴裡咀嚼過整顆生麥粒？非常的硬。不僅如此，咀嚼的過程中也感受不到太多味道。而透過將穀物轉化的這個過程，大量的營養與滋味被釋放出來，讓我們每咬下一口麵包，都能夠回味再三。

老祖宗的食物

在速發酵母還沒有問世、商業化流通之前，老祖宗們好幾個世紀以來都是使用天然酵母來製作營養的麵包。如今我們重新找出天然酵母的各種應用配方，其實也不過就是找回料理的初心和食物的真滋味而已。

穀物，在最初都是以粥的形式食用，像是在歐洲最常見到以裸麥為主的麥片食物。在古時候不像今日，裸麥無法被拿來製作麵包。第一個天然酵母麵包的起源已不可考，但是許多的文獻資料都指向古埃及文明。也許是無心之舉，但是古埃及人將收成的穀物放在會接觸到野生酵母和新鮮空氣的室內靜置，而這些條件恰好都是發酵所需要的條件。接下來的步驟還得經過烘烤（很值得考古探究古埃及人的製作技巧），然後就誕生了天然酵母麵包的第一號祖先。

無論是否最初的天然酵母麵包源自於古埃及人的智慧，可以確定的是，天然酵母麵包是一個歷時漫長而且需要野生酵母和細菌，最主要是乳酸菌的幫忙，才可能誕生的結果。在超過五千年的人類文明中，麵包曾是這世上唯一一個透過這兩種類型的微生物通力合作才能產生的食物。酵母和乳酸菌不僅能讓麵包膨大、充滿氣孔，而且經過它們的分解作用，穀物中的營養才得已被釋放出來，並且賦予麵包更具深度和層次的口感滋味。而相對的，商業用的速發酵母，因為發酵作業時間短，大幅地減少了微生物能對穀物做出改變的機會，使得不管是香氣的層次和營養的消化吸收率，都遠遠不及使用野生天然酵母和長時間發酵製成的天然酵母麵包。

天然酵母麵包的優點

因為長時間的發酵作用，天然酵母麵包的一大優點就是會產生好消化，容易吸收的營養素。因為天然酵母麵包在發酵的過程中，酵母菌會分解糖份並且製造出乳酸和醋酸，如此一來便會降低麵團的酸鹼值而且產生「酸化反應」。這個酸化反應會對麵包帶來許多益處。穀物當中必然含有植酸成分（acides phytiques）。植酸多半集中在穀物的表皮層，因此全麥麵粉會比白麵粉含有更多的植酸。然而，植酸會妨礙人體吸收穀物當中的礦物質，不過當酸化作用發生時，麵團中會出現一種稱為植酸酵素的胺基酸，水解植酸並且讓礦物質得以被人體所吸收。長時間發酵作用的重要性就在於此。越是長時間發酵的麵團，胺基酸越有足夠的時間和機會可以分解植酸，並且釋放出人體可以吸收的礦物營養素。除此之外，酸化作用的另外一項好處，相對於商業用速發酵母所製作出來的麵包，因為發酵時間短，麵包容易失去水分顯得乾澀老化，長時間發酵製作出的麵

包，水分不易散失，麵包可以在室溫下保存得更久。

許多的研究指出，天然酵母麵包具有低升糖指數（GI指數）的優點，而且更容易被人體腸胃吸收消化。正因為天然酵母的發酵作用，可以被視為一種「預消化」的過程，當中的許多酵素作用，例如可以分解麩質的蛋白酶，可以直接促成麩質蛋白的轉變與降解，如此一來，就算是對於麩質過敏的腸胃，也可以在發酵作用的幫助下享用含有麩質的食物。在Netflix上的當紅影集《Cooked／烹》，改編自美國記者作家麥可・波倫（Michael Pollan）的暢銷書《食物無罪：揭穿營養學神話，找回吃的樂趣！》（*In Defense of Food: An Eater's Manifesto*），在這本書裡作者本人也自認是天然酵母麵包的愛好者。他在書中提到，在這近幾十年來商業用速發酵母所製作出來的麵包，對身體健康幾乎是毫無幫助。

根據波倫的研究，快速製作麵包的方式省略了完整的發酵程序，而且通常也只使用白麵粉來製作。這樣做出來的麵包，不但容易增加食物過敏的風險（特別是對麩質蛋白敏感的體質），也容易產生代謝方面的問題（例如糖尿病），而這正是越來越多現代人會遭遇到的文明病類型。他的研究認為，如果人們可以改變習慣來試著吃長時間發酵的麵包，身體因為食用現代麵包所導致的各種副作用也會逐漸康復。

我從多年前開始自製天然酵母麵包。起初我也想用偷吃步的方式來兼顧味道和效率，首先用天然酵母來賦予麵包微酸的風味，然後再使用商業用速發酵母來節省時間。因此，並沒有讓麵團得到充分的休息，而我的考量也只針對麵包的風味而不是營養或健康的因素，這曾是我以為的市面上常聽到的「魯邦種麵包」或是「天然酵母麵包」。然而，這其實不過就是使用改良酵母的一般麵包而已。最後我決定放棄這種製作麵包的方式，而且認定天然酵母是件麻煩的工作後，我其實從未嘗過真正天然酵母麵包的優點。天啊！我也曾像這樣，錯得離譜。

過了幾年以後，我在網路上看到查德・羅勃森（Chad Robertson）所製作的麵包照片。羅勃森是美國舊金山最有名的麵包師傅，他的天然酵母麵包師承美國烘焙大師理查・波登（Richard Bourdon）以及他在法國薩伏依（savoie）和普羅旺斯（Provence）的所學和訓練。不管是在專業麵包師傅當中或是麵包愛好者之間，羅勃森的名氣如日中天。端看他的麵包，那金黃焦糖色的外殼，配上奶油色氣泡勻稱的麵包內裡，就令人垂涎不已。他的麵包貨真價實，無愧於他的名氣以及一顆真正熱愛麵包的心。我心想，我之前所做的麵包跟他比起來簡直天差地遠。於是我下定決心從頭開始，重新挑戰至今所習得的一切。

首先我到有機商店報到，把各式有機麵粉買齊，從各式裸麥粉到小麥麵粉，還有玻璃罐、碗、矽膠刮刀、切麵刀等各式工具。我準備要來嘗試各種可能！搭配上一份基本的天然酵母鄉村麵包的食譜，我再度投身到這場無止境的冒險當中。今天回頭來看，這是一趟決不會讓人後悔的旅程，不僅改變了我對麵包還有麵包店的想法，也改變了我的消費習慣。除此之外，我的周遭家人好友，也因此

品嘗到麵包的真正滋味，不僅僅是容易消化吸收而已，他們的味覺感受也變得更加靈敏，而身體也變得比較不容易感到飢餓。

　　好的麵包需要時間，需要足夠的時間來完成發酵過程。在完整的發酵過程中，我們才能夠萃取出穀物裏完整的營養，即便這樣的過程需要等上 8 到 12 小時，絕對值得你來試試！

　　本書的重點並不在於貶低一般商業用的速發酵母。在許多食譜配方中，你還是可以摻入一般常用的速發酵母搭配使用。但是重點是要確保完整的發酵時程，不管對於營養價值或是麵包風味而言，時間是絕對不可或缺的關鍵因素。

　　本書中所有食譜所使用的麵粉，皆為一般烘焙材料行可以買到的麵粉，而烤箱也以一般家用烤箱為準。因此，沒有任何理由你在家會做不出來。仔細地閱讀每一個步驟，對自己有點信心！天然酵母麵包沒那麼難！祝各位愛好烘焙的朋友「烤運」昌隆！

低升糖指數

營養更豐富

保存更久不易乾澀

好消化不脹氣

降低麩質過敏困擾

分解植酸

增加礦物質吸收率

第一章

材料配方

麵包的製作取決於三項關鍵原料：麵粉、水和鹽。這三項材料的角色和重要性各有不同，但是當中麵粉始終扮演著最重要的關鍵角色。因為麵粉會決定麵包的最終品質，不管是質地、大小、香氣以及外脆內軟的特性。

麵粉

　　製作麵包其中一項關鍵的原料就是麵粉，通常小麥為麵粉的原料，但是當中也有許多不同的變化。一般説來，可以拿來製作麵包的穀物都必須具有麩質蛋白（gluten），而可以拿來磨成粉製作麵包的穀物主要非為四大類：普通小麥、硬粒小麥（又稱杜蘭小麥）、斯佩爾特小麥（épeautre）和裸麥（seigle）。普通小麥麵粉是最常用來製作麵包的材料，其主要成分為醣類（澱粉）、蛋白質（麩質）、脂質還有澱粉外的其他醣類、水分、維他命、礦物質和酶。

　　從磨坊到餐桌，小麥種子需要經過數道處理程序才能夠成為我們平常認識和使用的麵粉。麵粉必須具備幾項良好特性，例如容易水合（hydratation）、方便均質成型和發酵等等，才是可以用來製作麵包的麵粉。

　　麵粉一旦水合之後，就會形成網狀的麵筋結構，這個結構能夠保留住發酵所產生的氣體。麵筋主要來自麵粉中的兩種蛋白質：麥醇溶蛋白（gliadine）和數量相對較少的麥穀蛋白（gluténine），這兩種蛋白質也是麩質蛋白群當中的主要成分。前者賦予麵團良好的延展拉長特性，後者賦予麵團良好的彈力和支撐性。這兩種特性被總稱作「筋性」，通常會標示在麵粉的外包裝，用來表示製作出來的麵團所具備的彈性強度和延展性。因此，如果麵粉當中含有越多的麩質蛋白，所做出來的麵團就會越具彈性和延展性，也會強化麵團留住發酵氣體的能力。而留住的氣體越多，則會影響麵包的體積大小和麵包內部的氣孔結構。

測試你的麵粉

　　小叮嚀！就算是標示相同筋性的麵粉，品牌不同裏頭組成的蛋白質成分和比例也會不同。每個品牌的麵粉特性和吸水率皆不相同，也因此在按照食譜實作的時候，往往必須要微調食譜的配方比例。當你打算開始製作麵團但是卻不瞭解所買的麵粉時，記得先少加一些食譜裡記載的水量，然後觀察、揉捏麵團，感受麵團含水量的變化，再慢慢添加適量的水。這是製作麵團最保險的方法。

　　小麥在磨粉的時候，或多或少會去除麩皮和胚芽的部分，而保留的麩皮和麥芽越少，麵粉就會顯得越白。白麵粉通常僅含有小麥的胚乳部分和少數的胚芽。而胚芽因為富含脂質在內的營養素，因此會使得麵粉不耐久放而且容易產生油耗味。石臼研磨的全粒粉，就是特別保留完整胚芽成分的營養麵粉，特別容易產生這樣的情況，要儘快使用完畢。

　　通常在法國產的麵粉外包裝上會見到「灰分」的標示（以 T 值作為表示），代表著將麵粉高溫完全燃燒後會殘留的礦物質灰燼比率。法國對於麵粉的分類極

T 值	麵粉灰分（完全燃燒後殘留物百分比）	麵粉標示名稱
45	< 0.50 %	白麵粉
55	0.50% - 0.60%	
65	0.62% - 0.75%	
80	0.75% - 0.90%	半全麥麵粉 / 半粒粉
110	1.00% - 1.20%	全麥麵粉
150	> 1.40 %	全粒粉

為嚴謹，按照灰分作為分級標準（請見上方表格）。

　　除了普通小麥製成的麵粉外，也可以使用其他穀物製成的麵粉，不過通常還是會搭配小麥麵粉來彌補其他穀物缺少麩質蛋白的特性。而在其他的穀物麵粉當中，我最常使用的是裸麥粉來製作麵包和培育天然酵母。如果你希望選擇兩種主要麵粉來展開這場天然酵母麵包之旅，我會建議你選擇普通小麥麵粉和裸麥麵粉這兩大類。

　　裸麥麵粉也有好幾種選擇：白裸麥粉、黑裸麥粉、全粒裸麥粉。裸麥粉的特性是具有豐富的礦物質，缺少麩質蛋白，但是具有非常強大的吸水性。裸麥粉多少會帶有一些淺灰色，製作出來的麵包會帶有明顯的麥芽香氣。一般我會選擇在有機商店或是專賣麵粉的烘焙材料行購買灰分 T130、T150 或 T170 的裸麥麵粉

　　在本書裡頭，你將會看到各種不同麵粉的搭配使用，像是富含脂質和礦物質的斯佩爾特小麥也可以用來製作麵包。斯佩爾特小麥所製作出來的麵包會帶有微微的烤榛果香氣。另外還有霍拉桑小麥（Khorasan）研磨出的卡姆麵粉（Kamut），這種古老的小麥品種如今只使用有機農法栽種，和普通小麥或其他穀物相比，含有更多的蛋白質。我由衷地希望在這本書中，能透過各種食譜的組合配方，讓你了解到各種麵粉之間的結合究竟會讓麵包產生何種質地、外觀和香氣的變化。

麵粉的保存方式

　　麵粉記得一定要存放在乾爽和陰涼處。特別是含有胚芽成分的各種穀物全粒粉，因為脂質的關係會使得他們特別容易變質。

　　此外，不要嘗試去買 25 公斤大袋裝的麵粉，這種麵粉專供職業麵包師傅使用，而且它的存放條件也只適用於專業麵包店。一般的業餘愛好者需要的量並不多而且沒有專業的存放空間，常常在放了幾星期甚至幾個月後出現麵粉變質的現象，使得製作出來的麵團也跟著走樣。建議你比較適當的做法是買小包裝麵粉，就算天天都會用到麵粉的情況下，也盡量買 5-10 公斤以內的包裝份量。一來避免浪費，二來避免麵粉變質的問題。

「自製」麵粉？

麵粉的製作是工匠技術的結晶，無法一朝一夕習得。然而還是有許多烘焙愛好者，特別在美國，喜歡按照自己的方式來研磨麵粉。

製作新鮮，香氣撲鼻的麵粉的確充滿樂趣，而且也有不少好處。主要的優點來自於營養層面，要用多少就磨多少的方式可以確保穀物的營養不會流失。另外，現磨的麵粉也會為麵團帶來更多的香氣和滋味。現磨麵粉香氣流失的速度很快，盡量確保使用前才現磨，以避免麵粉保存會遇到的變質問題。

許多人試過自己在家用比較陽春的方式，像是用咖啡磨豆機來磨麵粉。不過通常不見得會得到好的結果，而且機器有很大的機率會先故障。如果你真的想要試試看研磨麵粉的樂趣，首先必須先選擇一台好的家用研磨機。

網路上可以找到許多廚具家電品牌，不過通常價格不菲，而且對於偶爾才使用一次的自家烘焙愛好者而言，這樣的投資價格太高昂而且機器又太佔空間。此外，除非你每次都只想使用全粒粉，不然還會需要購買特別的麵粉篩來過濾出白麵粉或是全麥麵粉。有些專家推薦法國品牌 Moulins d'Alma，他們有出一種專門的三層麵粉篩，可以讓你從磨好的麵粉中篩選出灰質 T65、T80 或是 T110 的分級麵粉。

有些研磨裝置是附屬於桌上型攪拌機的配件，例如美國品牌 KitchenAid，在這一類桌上型攪拌機當中。我個人推薦德國品牌 Mockmill（請參考第 26 頁圖片），高效率而且體積小巧不占空間，在一般的小家庭廚房當中，沒有甚麼比不占空間更重要的了！

要自行在家研磨麵粉，首先要先選擇穀物：普通小麥、裸麥、單粒小麥、斯佩爾特小麥……等等。不過這些不常見的穀物，除了在有機商店以外，並不容易獲得。萬一有幸你有機會可以直接向農家或是磨粉廠購買到第一手的穀物，你會更加了解這些穀物的產地、特性和使用方法。

水

　　水同樣應該被視作製作麵包的一項重要材料。我們常常低估了水的重要性，事實上，水對於麵包的成品具有決定性的影響關鍵。

　　首先，水對於麵粉的水合作用至關緊要，一旦將麵粉和水攪拌均勻後靜置，澱粉和麩質的水合作用就會展開，麵糊於是轉變成為麵團。不僅如此，水分也會啟動酶的催化作用和發酵的程序。最後，水分也扮演著溶解其他材料的溶劑角色，像是鹽。值得一提的是，水的分量會決定麵團的水合率，而水合率會影響麵團發酵的最終成果。如果麵團水合率越高，麵團發酵好的時間就會越短。反過來說，水合率越低，就需要更長的發酵時間。

　　除了麵粉本身的吸水率是否良好之外，水的分量也會決定麵團的質地和黏度。水如果加得太多，麵團就會顯得太黏、不好施作。製作麵團究竟應該加多少水，一般以麵粉中需要加水的比率做為表示，稱為水合率。最常見的是以 1000 克的麵粉為基準，如果需要加 650 克的水來製作麵團，稱為 65% 的水合率。

　　如果你對所購買的麵粉並不熟悉，或者並不擅長攪拌麵團，千萬不要一口氣就把食譜列出的水量倒入麵粉當中。麵粉和水的比例有一個絕佳的平衡點，但是要透過逐次一點一點加水的過程，觀察和判斷麵團的質地變化以及方便施作的黏度，來找到最適當的水量。如果這是你第一次練習這道食譜，逐次加水的程序就顯得更為重要。同樣的普通小麥麵粉，美國產的麵粉和法國產的麵粉，不管是品質還是吸水率都不相同，所以在開始按照食譜施作之前，都請先減少食譜上的水量，邊攪拌混合麵團的同時，再逐步加水找出最適當的水合率。如此一來，就可以避免一開始加太多水，造成麵團過於溼黏難以施作的情況發生。

　　水溫也會影響發酵過程。在準備製作麵團的時候，環境溫度、材料溫度以及攪拌的方式都會影響最終麵團的發酵溫度。這也代表你可以透過水溫來改變麵團的發酵溫度。舉例來說，夏天時可以使用冰一點的水或是把麵粉放在冰箱冷藏保存，來調整環境室溫過高的狀況，讓發酵的速度不要過快。而冬天則相反，可以透過使用溫水來調整寒冷的室溫，加速發酵的過程。

　　水裡頭的成分也會影響麵團發酵。我通常只使用過濾水（如 Brita 濾水器）來製作麵團或是培養自製的天然酵母。我也建議你使用純淨的過濾水，因為自來水在出淨水廠前會先經過好幾道處理，特別是加氯的消毒過程，而這會使得自來水中必然含有殘留的氯。而正因為氯有殺菌的作用，反而會對發酵中的麵團帶來負面的影響。透過活性碳濾心除氯，可以大幅減少自來水中殘留的氯。如果家裡沒有這種活性碳濾水器，也可以先把自來水裝在開口瓶中或盆中，使其充分接觸空氣幾個小時後再拿來使用，讓氯得以揮發掉，以減少水中的氯殘餘量。

　　最後在烘焙階段，麵團受熱散逸出的水蒸氣十分重要，因為那會是麵包內裡柔軟，外皮金黃細緻的關鍵因素！

鹽

如果説我們每天做菜都必須使用到鹽來調味，那麼鹽對做麵包來講也同等重要。鹽的作用不僅僅是調味而已，鹽的角色在麵包製作的每一個階段直到烘烤，都扮演著重要的角色。

從麵包製作第一階段開始，鹽就會跟麵粉中的蛋白質接觸，而鹽的作用會穩固麩質蛋白水合後所形成的麵筋組織，而穩固的麵筋組織便可以在之後包覆住發酵所產生的氣體。鹽的施放時機可以調整麵筋組織形成的速度。

此外，鹽具有吸濕的特性，也就是説可以用鹽來調整溼度和固定住水分（這就是為什麼不建議把鹽和一般酵母接觸，因為鹽會造成酵母脱水）。這項特性會讓麵團更好揉捏，而且在麵包烤好後，較不容易因為接觸空氣而老化乾澀。此外，鹽也能讓麵包皮的色澤在烘焙的過程中更加金黃細緻。

在超市裡有各種不同的鹽的選擇。在製作麵包時，建議你使用未精製的海鹽做為添加的材料。

溫度

溫度是天然酵母麵包要製作成功的一項重要參數。工作環境的溫度和材料的溫度會大幅影響製作過程。

一般説來，酵母菌、醋酸菌等細菌，在不同溫度下會產生不同的反應：低溫適合生成醋酸，而暖的溫度則容易生成比較溫和的乳酸。

適合天然酵母工作的環境溫度大概介於 27 到 30℃之間。雖然溫度越高，細菌的反應會更活耀，但是溫度太高反而不利於發酵出來的風味，就像溫度太低也會導致發酵出來的麵團口味過酸一樣。

除了對酵母和細菌的工作具有影響之外，溫度也會對成型的麵團造成影響。在麵團攪拌成型的作業完成後，這時的溫度應該要介於 23 到 25℃之間。在許多麵包烘焙指南中，會提到這是麵團的基礎溫度，計算的參數包括環境溫度、水和麵粉的溫度。不過，對於一般在家的業餘烘焙愛好者而言，我們很難精確去測量這些溫度數值，頂多留意水溫和麵粉保存的溫度而已。正如先前所提過的，比較方便不容易失誤的作法，就是把麵粉存放在陰涼處或冷藏，然後根據天氣來決定使用的水溫。簡單的幾個小動作，就可以確保你的麵團在最棒的條件下完成發酵。

顏色和配方

　　我們可以在麵團中摻入不同的成分來做出我們想要的顏色，像是使用薑黃讓麵包呈現橘紅色的美麗色澤，或是使用活性碳粉來做出閃耀著黑色光芒的麵包，成為眾人目光注意的焦點！

　　選擇配方的重點在於使用天然著色食材。大可不必去烘焙材料行尋找人工色素，因為在天然的食材當中就有許多很好的著色劑選擇。不管是以粉末、榨汁、泥狀或膏狀的型態呈現，有許多小撇步和天然食材可以讓你的麵包看起來更美麗。小提醒！有些食材會增添本身的味道進到麵包裡頭，有一些食材則完全不帶任何味道，純粹改變麵包的色澤而已。

　　以下整理出方便實用的天然著色食材：
- 綠色：菠菜（葉綠素）、抹茶、螺旋藻、開心果膏。
- 黃色：薑黃、咖哩粉。
- 橘色：紅蘿蔔、南瓜。
- 紅色：匈牙利紅椒粉、番茄、甜菜根。
- 紫紅色：紫甘藍（紫高麗菜）、莓果（藍莓）、紫蘿蔔、朱槿花。
- 黑色：活性碳粉、墨魚汁。
- 栗子色：麥芽、可可粉。
- 藍色：蝶豆花（泡水後使用）。

　　將這些天然食材榨汁後混入麵團並不困難，像是紅蘿蔔汁，只要將食譜中的水量其中一部分改用紅蘿蔔汁替代即可。泥狀或膏狀的食材也可以此類推。粉狀的食材則需要逐次慢慢加入攪拌，直到麵團達到希望的顏色為止。一般說來，500 克的麵粉需要加入的粉末會介於 1 茶匙到 1 湯匙之間。

　　如果要更進一步呈現視覺藝術，可以只染色部分麵團，然後以染色麵團和未染色麵團交錯搭配，製作出獨一無二充滿藍染效果的藝術麵包！

薑黃著色的橘黃麵包

開心果膏著色的布里歐麵包

活性碳著色的黑色麵包

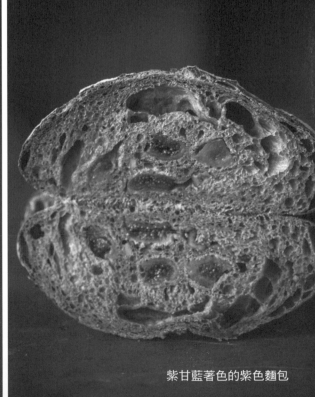

紫甘藍著色的紫色麵包

第二章

烘焙器材

沒有必要為了製作天然酵母麵包，於是就砸下重金採購設備。大部分的烘焙器材都十分簡單，只需要一些常見的設備方便你攪拌麵團、塑型或是裝飾。其餘的器材像是湯匙、矽膠刮刀、烘焙用烤盤紙、隔熱手套等等，都非常容易取得。在接下來的章節中，我會介紹平常使用的烘焙器材，它們的優點以及可以替代它們的產品。

電子秤

首先不可或缺的是磅秤。有些人可以憑經驗或是對麵團的手感來製作麵包，但是往往還是得靠一些運氣的成分，而對於烘焙新手來說這幾乎是不可能的任務。如果是使用天然酵母來製作麵包，那麼使用磅秤來精確測量就顯得更為重要。本書中的所有食譜都使用 100% 水合率的天然酵母來發酵麵團。100% 水合率的意思是用來製作酵母的水和麵粉比例為一比一。這個比率一定要確實遵守，以確保後續的發酵程序能夠順利展開。本書中所有材料，包括液體，都使用重量單位「克」來表示分量，只有部分的裝飾或修飾材料會使用茶匙或者湯匙作為計量單位。在開始動手製作之前，記得先把所有會使用到的材料都分批秤好，特別是最主要的四項材料：麵粉、水、鹽和酵母。

密封玻璃罐

在開始製作天然酵母之前，一定要準備至少一個的有蓋密封罐，材質以玻璃為佳。如果沒有玻璃材質的話，也可以使用有蓋的透明塑膠罐。不過請記得一定要使用透明的容器，才能夠從外側直接觀測到酵母的培養狀況和活性表現。小叮嚀！如果是初期培養天然酵母，可以只使用像是果醬罐大小的玻璃罐，但是隨著培養的時間拉長，這樣的大小很快就會不夠用，會需要更大的罐子以免酵母溢出。

碗

製作過程會需要一個小碗和一個大碗。小碗用來攪拌製作酵母的材料並且使其充分接觸空氣，攪拌均勻後再倒入密封罐中存放。另外會需要一個大碗，用來將麵粉、水、鹽和酵母等材料混合以製作麵團。

有些人建議直接在流理台或是製麵板上混合製作麵團所需的材料，但是我認為這樣並不方便。因為根據食譜的不同，麵團有時候會變得非常濕黏，或者是流理台空間不夠大的時候，很容易讓材料噴濺得到處都是。你可以使用桌上型攪拌機隨附的不鏽鋼盆，要不然也可以使用一般的沙拉盆作為替代。有些沙拉盆附帶盆蓋，非常實用。盡量多利用這些盆蓋或碗蓋，減少使用保鮮膜之類的免洗耗材。

桌上型攪拌機

　　使用桌上型攪拌機可以省下大量的時間和力氣，不過在剛開始練習製作麵包的時候，還是建議你試著先用手來攪拌麵團，感受麵團的溼潤度和質地並且試著用手來讓麵團成型。不同種類的麵粉、不同程度的水合率會產生不同質地的麵團，最好的判斷方式就是用手去感受、拉扯和揉捏。手指是最好的判斷工具，沒有甚麼器具比雙手更能有效判斷麵團的狀態。在本書的後續章節中，會教導你輕鬆上手的揉麵技巧，請參考第 51 頁〈麵團：關鍵步驟〉。

　　等到你知道怎麼樣的麵團質地和筋性是你需要的，那個時候你就可以放心地交給桌上型攪拌機來完成攪拌麵團的任務。桌上型攪拌機非常實用，特別對於含水量高又溼黏的麵團而言，簡直是一大福音。

　　本書食譜內的麵團都可以透過桌上型攪拌機來製作（我個人主要使用美國品牌 KitchenAid 搭配攪拌勾）。我不建議各位完全遵照食譜或是使用手冊中對於攪拌麵團的時間規定，因為對於烘焙新手而言，最重要的是學習觀察麵團在攪拌中發生的變化，懂得去調整而不是墨守成規。這一點同樣適用於已經製作好的現成麵團。

安全叮嚀

　　在使用機器攪拌麵團的過程中，常常會需要攪攪停停，把黏在不鏽鋼盆周圍的麵團刮下，再放回盆中央，讓所有材料都能被均勻混合。在刮麵團的時候，記得一定要關掉機器並且留心不要讓還在轉動的攪拌勾劃傷你的手指。

氣密保鮮盒

　　使用塑膠或玻璃材質的氣密保鮮盒，可以拿來取代發酵麵團需要使用的盆子或大碗。氣密保鮮盒的好處在於不占空間，可以將麵團放到裏頭靜置數小時以上，並且同樣可以使用摺疊法揉麵（請參考第 51 頁〈麵團：關鍵步驟〉），透明的材質也利於觀察麵團的體積變化。

發酵籃

　　在送入烤箱前最後一次的發酵步驟，稱為「二次發酵」（請參考第 51 頁〈麵團：關鍵步驟〉）。而二次發酵所使用的籃子，在古時候使用柳木製作，不過現在也有許多塑膠製品，各種形狀和尺寸都有。有些發酵籃含會隨附一層專用的亞麻布以防止麵團沾黏，讓整好形的麵團更容易取出。

　　發酵籃可以讓整形好的麵團維持外型不坍塌；如果沒有發酵籃，也可以用一般的盆子或碗代替。不過記得要先舖上一條乾布，撒上一些乾麵粉以防止麵團沾黏。最理想的防沾粉是在來米粉，使用起來不僅順手，而且在把麵團取出的時候不容易發生意外沾黏的情況，特別是含水量高的麵團特別需要注意沾黏的問題。

整形發酵亞麻布

　　有些麵包像是法式長棍，在二次發酵的時候會放在一層撒上乾麵粉的專用亞麻布上（亞麻布需要定期刷洗）。如果沒有專用的整形發酵亞麻布，也可以使用厚的棉質擦碗巾，撒上防沾麵粉作為代替使用。

鑄鐵鍋／陶盅

　　在多次以家用一般烤箱烘焙麵包的經驗中，我體悟到要使麵團受熱能夠保持溫度一致，又要讓麵團在烘焙的過程中充分地被水蒸氣包圍，最好的方法就是使用鑄鐵鍋或是陶盅。這兩種工具作為烘焙烤模的好處是不必擔心補充水蒸氣的問題，只要在充分預熱鑄鐵鍋（含鍋蓋）或陶盅之後，將麵團放入，蓋上鍋蓋即可。

　　鑄鐵鍋有許多不同的款式，像是知名的法國品牌 Le Creuset 就有許多尺寸和款式選擇。陶盅就相對比較不常見到，選擇也相對較少。鑄鐵鍋和陶盅唯一的缺點就是要把麵團做成鍋具的形狀，讓麵團可以在鍋具內膨大成型。有一些特別形狀的鍋具也不見得能夠放入家用烤箱，可能還得另外使用石板烤盤等器材。

烘焙石板烤盤／披薩石板

一個專門烘焙用的石板烤盤或披薩石板，可以大幅提升家用烤箱的烘焙水準，特別是針對法式長棍、巧巴達、還有披薩類的麵餅。石板有不同尺寸、形狀和厚度，通常都會附上小鏟子方便你把麵團放入烤箱中高溫的石板上。購買之前先確認家中烤箱的內徑長度和寬度，以免買了之後發現無法放入。小叮嚀：石板需要的預熱時間比較久，和烤箱一起預熱大概需要 45 到 60 分鐘。建議你將麵團從發酵籃取出放在烤盤紙上，然後再用鏟子或木板將麵團連同烤盤紙滑入烤箱，放置在石板上方烘烤。

麵團刮刀／圓弧切麵刀

麵團刮刀是製作麵包的必備工具，特別當在處理溼黏麵團的時候十分好用。它可以拿來分切麵團、協助麵團整形、將麵團移入發酵籃、把工作檯面的剩餘麵團刮乾淨等等，非常便利。麵團刮刀不貴，體積也不大，不過如果臨時手邊沒有刮刀，也可以拿一把好用的菜刀取代。

另外還有一種塑膠製的半月形圓弧切麵刀也非常實用。它圓弧的角度可以把碗盆內壁沾黏的麵團刮得很乾淨，在攪拌麵團的時候很需要這樣的功能。此外，針對比較溼黏的麵團，也可以用它來協助雙手使用摺疊法來收麵。如果沒有這種圓弧切麵刀，也可以用一柄刮面大一點的矽膠刮刀取代。

麵團割紋刀／剃刀片

麵團割紋刀的外型很像一把手術刀，它的作用是讓你在把麵包送進烤箱前，在麵團上預先割出膨脹後的裂紋。從基本款到各式花紋刀片都有，如果手邊沒有麵團割紋刀，也可以拿竹筷子卡上傳統刮鬍剃刀片或是拿一把尖頭的水果刀替代。記得收納的時候要把麵團割紋刀的刀刃處保護好，以免刀刃受損。

噴霧水瓶／火山石

　　家用烤箱和營業用烤箱的最大不同之一，在於家用烤箱無法在烘焙時注入水蒸氣，但是有許多小技巧可以讓你同樣在烘焙的過程中為麵團營造出適合的濕度。譬如說，當你使用石板烤盤時可以使用噴霧水瓶來替烤箱內部加濕，雖然會有一些不便，因為需要在烤箱正熱的時候開門噴水，但是卻能夠補充烤麵包時所需要的水蒸汽。

　　另外一個方式是利用火山石。這種石頭可以在網路上或是戶外露營用品的烤肉器材區找到，通常一次要買 3 公斤裝。只要在烤箱裡頭放上一小盤火山石，然後和烤箱一起預熱，預熱時間和石板烤盤一樣約為 45 到 60 分鐘。然後在把麵團送入烤箱之前，在充分加熱的火山石上澆上一小杯熱開水，火山石就可以提供一段長時間的水蒸氣而不用讓你一直開關烤箱門。

　　如果你使用鑄鐵鍋來烤麵包的話，因為有鍋蓋的關係，就不用額外擔心水蒸氣的問題。

第三章

天然酵母： 操作指南

現在是時候來製作屬於自己的天然酵母了。我們會帶你一步一步從育種開始、續種，然後一直到可以把它用來製作超級美味的天然酵母麵包為止！

關於麵粉與水的二三事

製作天然酵母和保存並不困難，只需要記住幾項黃金原則並且定期觀察狀態即可。

在展開天然酵母的奇幻旅程之前，提醒你可能在一開始遭遇到一些挫折，特別是頭幾次的嘗試往往不能盡如人意，或者是想起別人或自己過往的失敗經驗。請記得酵母是活的，也和一般的生物一樣，會有活力充沛的時候，也會有特別低迷的時期。是否能夠成功培育的關鍵，在於你是否有提供它需要的照料以及耐心而已。如果你認為要花一星期的時間來培育酵母是件麻煩事，也請你想想，只要好好照顧，培育好的酵母可以存放好幾年都沒有問題。這就是酵母神奇的地方，一次的栽培卻可以收穫非常久，而且每個人培育出的酵母風味都是獨一無二的。或許頭幾次的努力不見得能立即獲得你想要的成果，但是只要保持耐心和堅持，一定會得到超乎你想像的味道！

天然酵母其實就是本來就存在於環境中的野生酵母。我們要做的事情就是把他們收集起來培養，給予適合他們生長的環境。一旦讓他們順利成長起來，就可以無限量提供麵團發酵的動力。有許多種不同培養野生天然酵母的方式，但是原理都大同小異：利用麵粉和水作為培養基，給予適當的營養和環境，然後適時地再添加新的麵粉水混和液，取出部分使用，然後再加入新的麵粉水混和液……以此循環。

最初的天然酵母培養基要如何製作？我通常選用 250 克的灰分 T65 麵粉（可用高筋麵粉替代），再加上 250 克的灰分 T130、T150 或 T170 的裸麥麵粉，把這些麵粉倒入氣密保鮮盒中混合均勻妥善保存，作為最初的培養基底以及之後每次添加餵養給野生酵母的營養補充來源。

你知道嗎？

本書中所有食譜所使用的「活性酵母」，指的都是 100% 水合率的液態天然酵母。也就是說，用來製作酵母培養基以及每一次新添加的補充液，麵粉和水比例永遠是一比一。因此酵母會以液態的形式呈現，質地會像是鬆餅的麵糊般略帶黏稠。

關於水合率的二三事

　　除了液態酵母之外，也有所謂的「固態酵母」，也就是指大約 50% 的水合率，水和麵粉的比例為一比二的酵母型態。

　　選擇液態或者固態酵母的差別，首先是做出來的麵包滋味會有所不同。我個人偏好液態的新鮮酵母味道，發酵狀態良好的液態酵母會略帶果香而不刺鼻，因為液態酵母的香氣通常以乳酸的風味為主，而固態酵母通常味道較為強烈而且以醋酸的風味居多。

　　酵母的水合率也會影響到麵團的質地，特別是黏性和延展性。在試過液態酵母和固態酵母之後，我在準備麵團的發酵作業中通常只選擇使用液態酵母，不管是製作法式長棍還是可頌麵包的麵團皆是如此。

　　然而，如果你還是想要試試看使用 50% 水合率的固態酵母的話，也可以輕鬆地從液態酵母轉變為固態酵母。只要再每次添加新的麵粉水混合液的時候，把補充液的麵粉和水的比例替換成二比一，例如先從瓶中取出 50 克的 100% 水合率液態酵母，然後加入 50 克麵粉和 25 克水調和而成的補充液，即可逐步將液態酵母置換為固態酵母。

開始自製液態酵母

第一天：將 50 克的綜合麵粉和 50 克的水倒入碗中，使用木質湯匙或矽膠刮
刀將麵粉溶入水中攪拌均勻。

你知道嗎？

製作酵母最一開始的培養液和之後的補充液（之後再添加的麵粉水混合液，
用於供給酵母養分），建議你都先倒在小碗中，徹底攪拌均勻後，再倒入密封玻
璃罐保存。這樣做可以確保酵母均勻地分布在麵糊中，也能確保麵糊攪拌均勻，
避免沉澱或是結塊。

將玻璃罐以清水沖洗乾淨後，再用滾水涮過一遍，然後倒入 100 克的培養
液，蓋上瓶蓋放在室內較為溫暖的地方靜置一天（24 小時）。

第二天： 根據室溫和所使用的麵粉，酵母活躍的程度會有所不同。建議於第二天開始觀察發酵的初步徵兆，如果沒有任何動靜也不必氣餒，因為此時還無法判斷發酵是否成功。

　　第二天可以進行第一次的補充液步驟。在製作天然酵母的過程中，每一次添加補充液，都必須要捨棄局部原先瓶內的培養液。不過別擔心！這樣的步驟不會一直持續下去。等到天然酵母培育完成後，就不需要如此浪費。

　　在前一日的培養液中只保留 50 克，其餘的全數倒掉。這樣一來剩下的培養液依然是 100％水合率。再行補充的混合液，仍然將麵粉和水以一比一的比例調勻之後（50 克的綜合麵粉＋ 50 克的過濾水），再加上原本前一日 50 克的基底培養液。建議使用最初一起分裝儲藏的綜合麵粉，並且記得將瓶中的培養液和補充液一起倒入小碗中來攪拌，在充分混合新鮮空氣後，裝回密封玻璃瓶內封存，接續發酵 24 小時。

　　第三天到第五天： 在接下來的三天內，重複第二天的步驟。每一天都只保留前一天發酵基底當中的 50 克培養液，然後再加入 50 克的水和 50 克的綜合麵粉，一起倒入小碗徹底攪拌均勻並充分接觸新鮮空氣後，再倒回密封玻璃瓶內接續發酵 24 小時。

　　第六天到第八天： 從第六天開始改為一日添加兩次補充液，中間間隔時間為12 小時。補充培養液的程序和之前相同，仍然只保留前一天發酵基底當中的 50克培養液。唯一的差別就是一天改為補充兩次。

　　如果一切順利的話，第八天結束後，野生天然酵母的活性就可以達到穩定狀態，此時就可以拿來供麵團發酵使用。

　　依照此方法培養的天然酵母，一般約需八到十天的時間，才能夠讓天然酵母的活性達到穩定可供麵團發酵使用的程度。需要的天數有可能會超過十天，但是絕對不會少於八天。唯有在足夠的時間培養下，瓶中的微生物和野生酵母才會達到穩定的狀態。

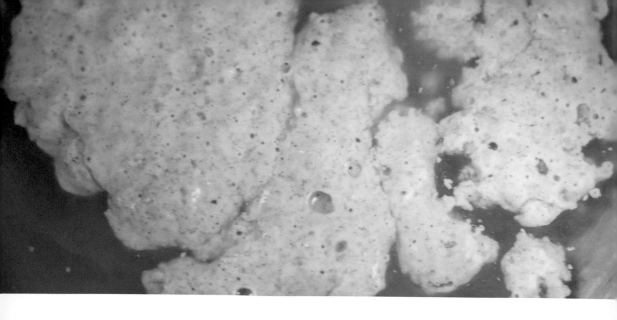

測試液態酵母活性

　　要測試液態酵母的活性是否足夠供麵團發酵使用，有一項非常簡單的辨別技巧，就是「浮水測試」。只要取少量的酵母，約一湯匙，然後倒入一杯清水中。如果酵母的活性充足，就會漂浮在水面上不會下沉。

你知道嗎？

　　如同先前所提到的，八天的酵母培育期會隨著各種情況而有所變化，譬如：環境溫度、麵粉品質，還有許多其他的因素都會影響到培育時間的長短。請保持耐心，每天定期觀察，如果在八到十天的時間內沒有達到理想的活性，也不用感到焦急或失望。請再多持續幾天，維持一天兩次的添加補充液作業，有時候酵母只是需要多一點的時間和養分而已！

　　如果真的持續了十幾天的努力之後，酵母仍然毫無動靜，這並不是個好現象。不過先不用感到失望，試著回顧書中的步驟，想想看是不是哪一個環節出了差錯，然後再重頭試一遍看看。

開始自製液態酵母

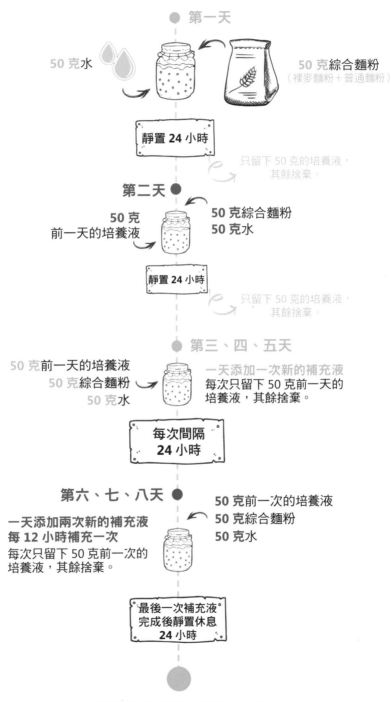

第一天

50 克水

50 克綜合麵粉
（裸麥麵粉＋普通麵粉）

靜置 24 小時

只留下 50 克的培養液，
其餘捨棄。

第二天

50 克
前一天的培養液

50 克綜合麵粉
50 克水

靜置 24 小時

只留下 50 克的培養液，
其餘捨棄。

第三、四、五天

50 克前一天的培養液
50 克綜合麵粉
50 克水

一天添加一次新的補充液
每次只留下 50 克前一天的
培養液，其餘捨棄。

**每次間隔
24 小時**

第六、七、八天

50 克前一次的培養液
50 克綜合麵粉
50 克水

一天添加兩次新的補充液
每 12 小時補充一次
每次只留下 50 克前一次的
培養液，其餘捨棄。

最後一次補充液
完成後靜置休息
24 小時

你的專屬天然酵母製作完成！

天然水果酵母

　　熱愛天然酵母的朋友，一定會想試試看更多不同口味的變化。用水果來製作酵母並不是新鮮事，但是有趣的地方在於透過不同水果或蔬菜培育出來的天然酵母，拿來製作麵包時會產生各種不同的風味變化。口味絕對令人期待。你一定要試試看！

　　最常見也最為人所知的方式，就是使用蘋果和葡萄乾來製作天然水果酵母。方法非常簡單。如果你覺得以傳統方法只使用麵粉和水製作天然酵母太過困難，或者你手邊找不到裸麥麵粉，可以試試看這種使用水果就能培育天然酵母的方式。

　　方法並不困難，我們將分為以下幾個步驟向你示範。培養酵母並不如你想像中的那樣麻煩，大部分的時間只需要等待而已，微生物們會自然完成他們的工作。

材料列表和器具

有機栽種的水果和水果乾：2 顆蘋果和 1 小碗葡萄乾
水（過濾水為佳）
麵粉（全麥、裸麥、普通麵粉皆可）
密封玻璃罐或玻璃瓶（每一步驟都須清洗）
小碗
木質湯匙或小號矽膠刮刀

1. 將水果泡在水中預備發酵

　　將乾淨玻璃瓶或玻璃罐用熱開水涮過後放涼。以清水洗淨蘋果並分切成四大塊。

　　將蘋果和葡萄乾倒入瓶中，然後加入過濾水使其淹過水果（2-3 顆蘋果使用約 500-600 克水）。蓋上瓶蓋密封，室溫下靜置 3 到 5 天。

　　在靜置期間，每天需打開瓶蓋換氣兩次。換氣後再蓋上瓶蓋密封，大力搖晃瓶身數下讓酵母能夠均勻分布。

　　當瓶中發酵的培養液冒出類似氣泡水般的微小氣泡時，代表培養液發酵完成。如果培養液沒有產生氣泡，表示沒有發酵的跡象，代表發酵沒有成功。這樣的培養液請勿使用。

2. 回收發酵培養液

一旦培養液冒泡代表發酵完成。取一只濾網過濾掉水果渣,將培養液分裝到兩個事先以熱開水涮過放涼的乾淨密封玻璃罐中。其中一罐只裝 50 克的發酵培養液,放置於室溫環境。其餘培養液倒入另一玻璃罐中,放置在冰箱冷藏保存。

3. 使用培養液製作天然酵母

取一只乾淨小碗,倒入放置於室溫環境的 50 克培養液以及 50 克麵粉(種類不拘,但是建議使用混合裸麥麵粉或全麥麵粉的綜合麵粉)。使用木質湯匙或矽膠刮刀攪拌均勻後,再將混合液倒回以熱開水重新涮過放涼的乾淨密封玻璃罐中。

將玻璃罐放置於室溫下靜置一晚,很快就會看到天然酵母發酵的各種跡象。

4. 提供天然水果酵母養分

將靜置一夜的 100 克混合液,不用局部捨棄,直接倒出在乾淨的碗中,再加入冰箱冷藏存放的培養液 50 克以及 50 克的麵粉。使用木質湯匙或矽膠刮刀攪拌均勻後,再將混合液倒回玻璃罐中密封,室溫下靜置 6 到 12 小時,室溫越低需要時間越久。

靜置 6 到 12 小時過後,你應該會看到大量的氣泡和許多發酵的跡象。此時再倒出在乾淨的碗中,加入冷藏的培養液 150 克以及 150 克的麵粉。使用木質湯匙或矽膠刮刀攪拌均勻後,再將混合液倒回玻璃罐中密封,室溫下靜置數小時。最後這個階段,建議你透過瓶身觀察發酵狀況,一般說來大概需要 4 個小時左右酵母活性便可以達到穩定,供作麵團發酵使用。

最終的成品為約 500 克的天然水果酵母,可以直接拿來製作本書中食譜的麵團。如果你不需要使用到這麼多的天然水果酵母,可以減少每次補充液的份量。

我個人喜歡每一次都根據食譜重新製作天然酵母。但是如果你很喜歡這次發酵的酵母風味,可以透過不斷地添加麵粉和水混合的補充液提供酵母營養,和傳統天然酵母一樣可以不斷延續天然水果酵母的使用期限(請參考第 37 頁)。

其他水果呢?

你也可以使用其他的水果或是蔬菜作為發酵培養液的基底。原理都相同:先將水果泡在過濾水中數天,然後過濾保存培養液,以一比一的比例與綜合麵粉攪拌均勻。按照上述步驟便可以培養出屬於你自己的天然水果酵母風味。每一種水果和蔬菜所做出的天然酵母,都會賦予麵團和麵包不同的香氣。我個人很喜歡用檸檬做出來的天然酵母,帶有獨特的芬芳!

天然酵母的保存方法

　　一旦培育好天然酵母，根據使用的頻率，我們也得學習照顧並保存的方式。這樣一來就可以隨時取用天然酵母來製作麵團。

　　如果是每天都會製作麵團的重度烘焙愛好者，做好的天然酵母可以直接存放在室溫環境，並且每天補充一次培養液。如果是夏天或是環境室溫偏高，也可以一天補充兩次培養液。這個方法必須時不時地照顧酵母，但是也是維持酵母活性的最佳方式。一般以烘焙作為興趣的愛好者，可能不會那麼常製作麵團，此時就必須把培育好的天然酵母放到冰箱冷藏。酵母可以在冷藏的條件下維持數周的生命，不過會局部進入休眠狀態而使得活性降低。

　　對於只有在周末假日才有空的烘焙愛好者，建議在添加補充液並觀察酵母活性達到最高峰後，再把酵母送入冰箱冷藏。然後在需要製作麵團的前一天，取出少量的酵母來重新補充添加液，製作出一批新鮮的天然酵母。等到這個時候，你對於自製的酵母特性也已經掌握清楚，知道在目前的室溫下，大概需要 4 到 5 小時就能夠讓重新補充培養液的酵母活性回到高峰。不過天然酵母的特性就是每次培養出來的酵母組合都會有所不同，有時候會需要等待 6 到 8 小時讓微生物的活性重返高峰。透過玻璃瓶觀察，你就會知道甚麼時候是活性最佳，可以取出製作麵團的時機。在一開始練習培育天然酵母的時候，我過去常常會犯一個錯誤，那就是把酵母放在冰箱太久，等到要用的時候拿出來放在室溫底下回溫，卻又沒有把一部分的培養液先倒掉就新添補充液，結果導致酵母的味道過酸。因為就算長時間保持在低溫的環境中，酵母菌還是會有部分活性並且持續釋放出酸性物質。添加補充液的作用是喚醒酵母與各種微生物的活性，下次如果放在冰箱的時間太久，請記得要先局部捨棄後，重複進行最好兩次的補充液添加步驟，讓酵母能夠恢復新鮮活力，帶來麵團溫和的酸度與果香。

　　除了盡可能地常常做麵包來定期消耗培養好的酵母之外，也要定期為瓶中的酵母群還有微生物補充養分以防止他們失去活性。如果酵母要放在冰箱保存數星期之久，記得必須每 7 到 10 天局部捨棄並重新添加補充液。實際操作上，一旦冰箱已經有製作完成的天然酵母，如果食譜標示需要 100 克的天然活性酵母，我會從冰箱先取出 20 克的天然酵母，然後搭配一比一的麵粉水混合液，也就是 20 克的酵母＋ 40 克的綜合麵粉（20 克普通麵粉＋ 20 克裸麥麵粉）＋ 40 克的過濾水。將這三項倒入小碗中徹底攪拌均勻，然後再放入乾淨的密封玻璃瓶中，等到新瓶中的酵母膨脹到原本的約三倍大時，此時新鮮製作的酵母便達到最大活性。

　　這是一個簡單的操作比方，也有人喜歡每次都採一比一比一的比率，也就是說一份保存的天然酵母，加上同樣重量的綜合麵粉和同樣重量的過濾水。多試幾次之後，你也會找到最適合你的方式。每個人製作新鮮活性酵母的方式不盡相同，也不必相同！

長期保存的方式：乾酵母片

如果你要出遠門的時候，或是製作太多酵母想要將一部分作為儲備存糧使用的時候，有好幾種方式可以將酵母長期保存。

有些人選擇把酵母冷凍，有些人選擇再加入乾麵粉捏成酵母球存放，不過對我而言最實用、最有效、最不會破壞酵母活性的方式，就是把天然酵母脫水乾燥保存。脫水乾燥並不需要特別的機器，也不需特別的環境就可以順利完成。如果你想要分一點自製酵母給親友，脫水乾燥的酵母也會是最方便的選擇。

脫水乾燥

一般人會以為要製作乾燥酵母必須要等到酵母活性衰弱或是進入休眠期才可以進行脫水。然而事實上，酵母比我們想像的更為強韌。而且反而要等到酵母活性達到最大時，也就是在補充液添加下去的幾個小時內進行脫水，才可以獲得最好的乾燥酵母品質。

要製作乾燥酵母，首先平鋪一張烘焙用烤盤紙，然後把需要乾燥的天然液態酵母倒在中央，再使用矽膠刮刀均勻地把酵母平抹開來，像一層薄薄的果醬一樣塗滿烤盤紙。塗得越薄，乾燥的速度就越快。把鋪滿酵母的烤盤紙放在室內陰乾，根據室溫和濕度的條件不同，可能會需要幾個小時到一兩天不等的時間。

一旦酵母徹底乾燥後，烤盤紙也會跟著緊縮變形，然後上面會有一層乾燥的酵母片。把這層薄薄的酵母片從烤盤紙上剝下來，然後壓碎或搗成碎片，再用小瓶罐或食物夾鏈袋收藏即可。你也可以使用搗臼或研缽把酵母磨成粉末，或者放在食物夾鏈袋中，再用　麵棍碾碎收藏。

把酵母脫水乾燥，再研磨成粉末或碎片密封後，就可以放到櫥櫃或是其他乾燥陰涼的地方收藏。只要沒有接觸到濕氣，乾燥的酵母片可以存放非常久的時間。

再水合作用

要使徹底乾燥的酵母片再度水合回復活性，首先要先取需要的量，再配上同等比例的水，例如 10 克的乾燥酵母片加上 10 公克的水，使其充分浸濕溶解後，再加上一比一調配出來的麵粉水混合液來提供酵母回復活性所需要的養分。舉例說明：（10 克乾燥酵母＋10 克過濾水）＋（40 公克綜合麵粉＋40 公克過

濾水）。不管是乾燥酵母還是麵粉，都加上同等份量的水作為溶劑，以確保維持100%的水合率。

　　將溶解的酵母和補充液徹底攪拌均勻後，倒入乾淨的密封玻璃罐中重新發酵。脫水後的酵母片，有時候需要經過數次的補充液添加和靜置，才能回復到活性的高峰。這當中的關鍵取決於室內的環境溫度，以及做為營養添加的混合液的麵粉品質。

第四章

麵團：
關鍵步驟

在本書所有的麵包食譜裡，儘管每個麵包做法各有不同，但
是發酵麵團的關鍵步驟都是一致的。接下來我們會詳細介紹
天然酵母麵包的基本麵團製作方式，好讓你了解到做出成功
麵團的關鍵因素。在本書後半的食譜當中，會以簡短的方式
再次提醒你每一個步驟的先後順序。

初步混合和自我分解

　　麵團製作的第一個關鍵步驟是「混合」，也就是把麵粉和水調合成均質的混合物。

　　先將水（或其他食譜特別列出的液體）倒入碗中，然後加入麵粉，使用木質湯匙快速攪拌確保碗中沒有殘餘任何的乾麵粉即可。蓋上乾布或保鮮膜，靜置休息至少 30 分鐘。這個休息的過程會產生「自我分解」反應，讓麵粉中的麩質蛋白形成鬆散的網絡，從而影響後續麵團的質地、彈性，並且減少之後的攪拌工作時間。

你知道嗎？

　　自我分解只涉及兩項材料，就是麵粉和水。在有些食譜裡頭，會預先把酵母溶解在水裡和麵粉混合，然後再讓麵團靜置休息。這就不是真正的「自我分解」方式。

　　這種一開始就把酵母、水和麵粉直接混合製作麵團的方法，是烘焙新手常會見到的做法，省略了自我分解和加入酵母的步驟，使得接下來攪拌的時候只要加鹽就好。

加入酵母

　　第一步驟結束後，接下來就是加入天然酵母的時間點。把液態天然酵母拌入麵團的方式有兩種：使用雙手和木質湯匙的協助（手記得沾濕），或者使用桌上型攪拌機。

　　根據麵團的含水量和你的經驗等級，可以選擇任一種方式拌入酵母。如果麵團非常濕黏，建議使用桌上型攪拌機並且搭配攪拌勾。在這個階段的目的並不是要讓麵團成型，只是要快速的拌入酵母而已，以方便後續的步驟順利進行。因此，不必太在意麵團的形狀。

加入鹽

　　根據食譜配方的不同，鹽有時候和酵母同時拌入麵團，有時候則會在酵母之後。

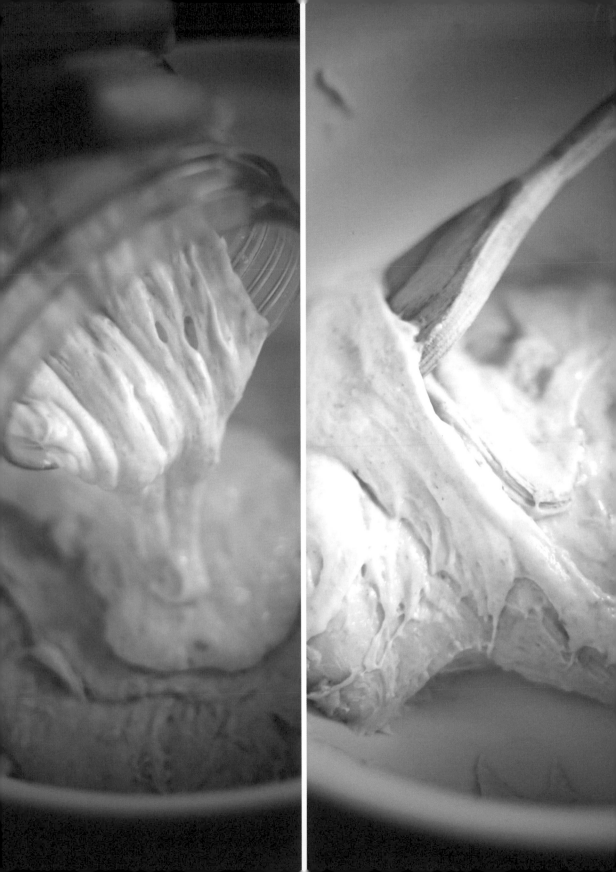

第一次發酵和摺疊法收麵

　　在這個階段，麵團準備迎接「第一次發酵」，俗稱「基本發酵」或「醒麵」。將麵團放到大碗或塑膠盆中，盆面可以先薄薄擦上一層植物油以防止沾黏。

　　通常第一次發酵需要時間約為 3 到 4 小時。這個時間會根據食譜以及酵母的份量而有所不同。此外，如同先前章節所提及，也會受到環境溫度以及材料溫度的影響。

　　在第一次發酵的數小時內，根據食譜的不同，大約每隔 30 到 45 分鐘要進行一次「摺疊法收麵」（請見下頁圖片）。在要開始練習摺疊的技巧之前，請先在工作檯面準備一小碗水，記得隨時把雙手沾溼才不會沾黏麵團。首先用指尖從碗邊抓起麵團，向外拉開之後再往內摺疊收起。然後把碗掉頭轉向，從另外一邊再重複一次向外拉展然後再往內收疊的程序。邊旋轉碗，邊重複操作，直到確認麵團的每一部分都有被拉展到並且向內收疊為止。過程當中記得隨時把手指沾溼，才不會讓麵團黏住手指。使用摺疊法收麵的好處，在於可以幫助麵團換氣，而且能幫助麵團發展出更具彈性的細部組織。這個技巧並不需要使用到攪拌機，卻可以讓麵團的質地和彈性更為細緻。

　　在第一次發酵的過程中，經過數次的摺疊法收麵後，你會觀察到麵團的質地變得有所不同。練習將休息中的麵團輕輕地拉展開來，然後往中間摺疊，不要大力的擠壓揉捏，以免破壞麵團中細緻的氣泡和麵筋結構。

　　第一次發酵完成後，麵團會呈現充滿空氣的細緻外表。如果麵團看起來不夠飽滿，通常是因為天氣太冷的緣故，建議再讓麵團多休息至少 1 小時的時間。

分割滾圓和鬆弛

第一次發酵作業完成後，接下來就是分割滾圓。千萬別小看這個步驟，看起來沒甚麼但是卻會決定最終麵包的外型以及麵包內裡的氣泡細緻程度。

首先準備把麵團從碗盆內倒出。先在工作檯面上灑上麵粉但是不要太多。我大概都使用 1 到 2 茶匙的份量，這樣可以讓麵團表面均勻沾上一層薄薄的麵粉但又不至於超過。然後使用矽膠刮刀或圓弧切麵刀把碗盆中的麵團輕輕刮出，倒在撒上麵粉的工作檯面正中央。

接著在麵團上再撒上一層薄薄的麵粉後，分切成食譜需要的大小。本書中大部分的食譜，麵團的份量都足夠製作兩個中型麵包或是一個大型麵包。麵包的大小，取決於你的發酵籃的數量和大小。使用麵團刮刀或是圓弧切麵刀把麵團均等分切，然後用手和刮刀的刀側，輕輕地將麵團滾圓。在練習滾圓之前，如果麵團太過濕黏，手上和刀側可以撒上一點麵粉，然後以邊輕拍邊旋轉麵團的方式讓麵團形成圓球狀，然後再讓麵團鬆弛休息。

分割滾圓完成後，需要時間讓剛才經過拍打的麵團組織再度鬆弛下來。這個步驟對於接下來的麵團整形十分重要，也可以幫助麵團回復到最佳的延展性。

小秘訣！

在分割滾圓的階段，也可以使用烘焙糕點時常用的噴霧式烤盤油來代替防沾的麵粉。在手上和切麵刀上輕輕噴一層烤盤油，對於第一次接觸麵團的烘焙新手而言非常實用。

整形麵團

等到麵團鬆弛後，接著進入整形作業。不管是要製作成圓形麵包或是橢圓形的巴塔麵包（bâtard），鬆弛過後的麵團都會讓你更容易揉成你想要的形狀。整形麵團的時候，需要使用切麵刀的協助，快速地把麵團從底部鏟起翻面，放在工作檯上，讓原本壓在底下的那面現在來到正上方。

有兩種整形麵團的方式供你參考：一種是從麵團的邊緣往中心收攏，另外一種是像摺信封的方式收摺。分段步驟請見下頁圖片。

麵團整形之後，將麵團放入撒上防沾麵粉（建議使用在來米粉）的發酵籃中，確認麵團接縫處位於發酵籃正中央的位置並且面朝上方，準備迎接第二次的發酵作業。

圓形發酵籃的整形方式

長方形發酵籃的整形方式

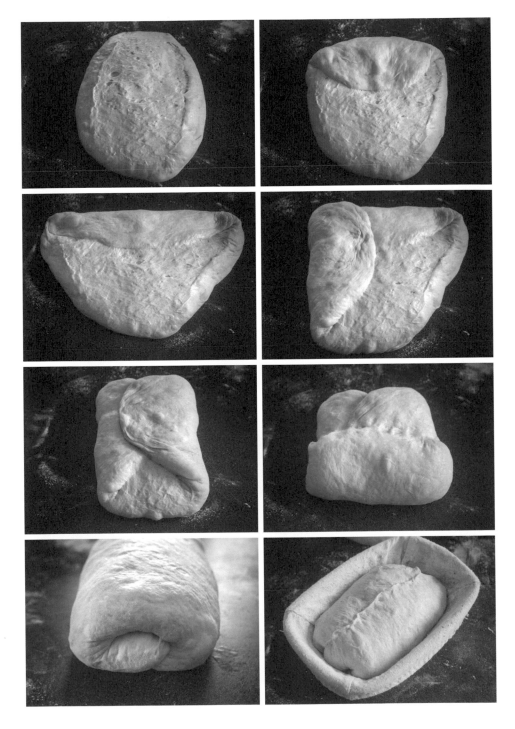

第二次發酵

第二次發酵，又稱為「最後發酵」，可以在室溫下進行，也可以在冷藏的狀態下進行，或者兩者並用。麵團完成整形後，放入發酵籃中，上頭覆蓋一層保鮮膜或塑膠袋，根據食譜的建議靜置數小時不等。

如果在室溫下進行第二次發酵作業，需要的時間較短。如果天氣炎熱的話會再更快一些。而如果你希望延緩發酵時間，譬如說發酵整晚，明天早上再來烤麵包的話，可以把發酵籃連同麵團放到冰箱冷藏。你也可以先讓麵團在室溫下發酵一小時，然後再放入冰箱冷藏直到隔日。

根據每個人的自由時間，還有希望麵包出爐的時間，可以把第二次發酵作業延遲 12 到 24 小時。多嘗試幾次之後，你就會掌握到麵團發酵需要的時間，以及發酵時間的長短對於麵包質地和風味的影響。在一開始嘗試的過程中，你會觀察到每次的發酵差異，然後根據累積的經驗和個人喜好，再去調整出自己最喜愛的製作時間表！

割紋和個性化裝飾

在麵包上割畫出紋路，不僅僅是裝飾和對自己的作品簽名而已。割紋這項技術有其實用價值。局部的割紋可以做為麵團中的氣體在烘烤時散逸的出口，使得麵包不會在烘焙過程中裂開。

麵包的割紋，或者劃線，可以使用專業的麵團割紋刀或是傳統的剃刀片，甚至是尖頭的水果刀來完成。劃線的手法一定要快狠準，特別在越柔軟的麵團上越要動作迅速。在替麵團割紋之前，可以先將麵團連同發酵籃放入冰箱冷藏幾分鐘，讓麵團的表面稍為變硬以方便劃刀。在劃刀之前，先取一張烘焙用的烤盤紙，覆蓋在發酵籃上，然後找一個盤子反扣在烤盤紙上方，再快速地把發酵籃倒扣，讓麵團位於烤盤紙中央，而麵團的接縫處則被壓在最底下。此時就可以正式準備割紋，然後送入烤箱烘焙。

每個人都有自己喜歡的割紋圖案（請參考下頁圖片）。最常見的割紋圖案，像是斜紋的法式長棍麵包、菱形格紋的波勒卡麵包（Polka）、還有人字紋等等。自己製作麵包另外一個好處就是可以創作出屬於自己的作品。你可以割畫波浪紋或是麥穗的紋路，也有人會使用絹板模，在劃刀之前撒上乾麵粉或是可可粉的字體或圖案。如果你沒有靈感的話，可以到博物館或是古典的建築物去參觀外牆樑柱上的各種花紋圖案！

烘焙

　　如同我們在先前章節（第 23 頁〈烘焙器材〉）中所提及，鑄鐵鍋是最方便拿來烤麵包的模具。烘焙過程中釋放出的蒸氣，在第一時間可以延緩麵團表面形成堅硬的外殼，讓麵包的組織可以順利膨脹。

　　首先將鑄鐵鍋連同鍋蓋（確認鍋蓋可耐高溫）送入 250℃的烤箱中，預熱 30 分鐘。請務必要確認你的隔熱手套是否夠厚，以免燙傷。

　　一旦麵團割紋完成，便可以送入烤箱烘焙。將麵團放入預熱的鑄鐵鍋內，蓋上鍋蓋放回烤箱烤約 20 分鐘，然後再取出鍋蓋，繼續烘烤約 20 分鐘。

　　使用石板烤盤的話，原理相同。先將石板放在烤架上，連同烤箱附帶的烤盤，一起放入烤箱中預熱 30 分鐘。當將麵團送入烤箱時，同步把熱水倒入下層的烤盤內，以產生烘烤初期所需要的水蒸氣。

　　理想的麵包外皮金黃酥脆。我個人喜歡有點烤過頭的感覺，略帶棕褐色澤的外殼更具焦香風味！

　　將麵包連同烤架從烤箱取出後，不管你想趁熱吃的心情有多麼強烈，都建議你等到完全冷卻後再來分切。

第五章
天然酵母麵包：
獨家食譜

手作天然酵母麵包是一趟永遠不會膩的旅程！各種材料所帶來的豐富味道變化、個人化的原創裝飾和造型，從最簡單的到最華麗的，可以創造出千變萬化的姿態。唯一的共同點就是，使用長時間的發酵方式來喚醒食材無可比擬的香氣，沒有甚麼比天然酵母麵包更適合豐盛的每一天了。

初學者實作食譜

　　這份食譜只需要用到幾份簡單的材料：普通白麵粉、水、活性酵母和鹽，很容易自己在家練習。透過這些基本的材料來練習製作天然酵母麵包，最大的好處在於讓你可以掌握對於水分比例的拿捏，找出最適合的水合率、麵團的重量和黏性，體會怎麼樣的麵團容易上手施展和塑型。

　　食譜中的水量部分僅供參考。因為實際上要加入多少水，會取決於麵粉的品質以及你的雙手應付濕黏麵團的經驗。建議你一開始先加入少許的水量，然後再慢慢地增加，讓你有時間可以適應麵團的手感以及麵粉的質地變化。盡量避免一下子加入太多水，讓麵團變成泥狀麵糊，初學者最不需要的就是挫折感。

　　舉例來說，如果你希望做出內裡充滿氣泡的柔軟質地，像是在社群網路 Instagram 看到的那些美味照片，或者是美食烘焙部落客貼出的那些如同蜂巢般綿密的麵包剖面圖，這些麵包的食譜往往要求麵團超過 100% 的水合率（水與麵粉一比一的比率）。的確你可以複製這樣的模式，但是在嘗試過後，特別是嘗試了各種不同麵粉的組合之後，你會發現其實沒有必要在一般麵粉（通常最適合的水合率可能是 70%）裡頭加上這麼多的水。

　　況且，其實按照食譜配方的水合率就已經可以製作出柔軟、充滿細緻氣孔的麵包內裡，不用刻意地加水讓自己在整形麵團時手忙腳亂。過猶不及，麵粉與水的比例都是剛好即可。

　　本書中的所有食譜都可以按照這個邏輯來實作。透過練習讓自己熟悉製作麵團的技巧，學習各種不同麵粉的使用方式，逐步了解水合率的差異，整形麵團對你將不會再是難事，你一定能做出心目中理想的天然酵母麵包！

材料列表（以重量和百分比率表示）

100 克 天然活性酵母（20%）

280-350 克 過濾水（56%-70%）

500 克 灰分 T65 麵粉（可用高筋麵粉替代）（100%）

10 克 鹽（2%）

材料	百分比率	重量（克）
麵粉	100	500
水	70	350
鹽	2	10
液態活性酵母	20	100

下列步驟的詳細作法，請參考第 51 頁〈麵團：關鍵步驟〉。

初步混合和自我分解： 取一只大碗，倒入水和麵粉，使用木質湯匙快速攪拌讓麵粉與水初步混合。讓麵團靜置 60 分鐘進行自我分解。

加入酵母： 使用木質湯匙或桌上型攪拌機將酵母拌入麵團，攪拌約 2 到 3 分鐘，確保酵母均勻分布即可。

覆蓋上一層乾布，靜置麵團 30 到 40 分鐘。

加入鹽： 將鹽均勻撒在麵團表面然後拌入麵團。使用雙手時記得先將手沾濕，用指尖從碗邊抓起麵團往內摺疊收起，然後將碗轉向之後重複操作。總共時間不要超過一分鐘，不需要過度攪拌麵團，鹽分會在之後的步驟中分布地更為均勻。

第一次發酵和摺疊法收麵： 把麵團放入乾淨的大碗或塑膠盆中，雙手沾溼後把麵團略為拍整為圓形。此步驟記得計時。第一次發酵平均需要 3 到 4 小時。中間每隔固定時間使用摺疊法收麵，例如頭兩個小時，每隔 30 分鐘需摺疊收麵一次。

分割和滾圓：將麵團倒出放在撒過麵粉的工作檯面上，以雙手和切麵刀的協助將麵團整圓。如果是製作兩個中型麵包，先使用切麵刀分割成同等份量後，再將個別麵團整圓。

鬆弛和整形麵團：讓滾圓的麵團在室溫下靜置休息 15 分鐘，然後再根據食譜製作成圓形、橢圓形或是其他造型的麵團。

第二次發酵：麵團整形完畢放入發酵籃中，在室溫下靜置發酵 3 到 6 小時，或是放在冰箱冷藏一夜。

割紋：將麵團從發酵籃中倒出，放在木鏟或舖有烤盤紙的盤子中央，確認麵團接縫處朝下，使用麵團割紋刀或是剃刀刀片快速畫出紋路。

烘焙：將鑄鐵鍋連同鍋蓋送入 250℃ 的烤箱中，預熱 30 分鐘。將麵團放入預熱的鑄鐵鍋內，蓋上鍋蓋放回烤箱烤約 20 分鐘，然後再取出鍋蓋，繼續烘烤約 20 分鐘。

將麵包從鑄鐵鍋中取出，置於烤架上直到完全放涼後再進行分切。

巧克力、水果什錦燕麥片麵包

材料列表

100 克 天然活性酵母

320-360 克 過濾水

375 克 灰分 T65 麵粉（可用高筋麵粉替代）

125 克 綜合穀物麵粉

10 克 鹽

50 克 水果什錦燕麥片

50 克 水滴巧克力豆

製作方法

初步混合和自我分解：取一只大碗，將水和兩種麵粉倒入碗中，使用木質湯匙快速攪拌讓麵粉與水初步混合。讓麵團靜置 45 分鐘進行自我分解。

加入酵母：加入天然活性酵母，使用木質湯匙或桌上型攪拌機，將酵母均勻混入麵團。蓋上乾布，讓麵團再度靜置 30 到 40 分鐘。

加入鹽：將鹽均勻撒在麵團上，並稍為攪拌使其溶入麵團。

第一次發酵，加入水果什錦燕麥片和巧克力豆，使用摺疊法收麵：雙手沾溼，將麵團略為整圓後，蓋上乾布讓麵團靜置發酵 2 到 4 小時（依據室溫條件不同）。

第一個 45 分鐘過後，將水果什錦燕麥片和巧克力豆均勻撒在麵團表面，使用摺疊法收麵讓燕麥片和巧克力豆混入麵團當中，之後每隔 45 分鐘再進行一次摺疊法收麵（共需三次）。

分割和滾圓：將麵團倒在撒過薄麵粉的工作檯面上，使用切麵刀分切成兩塊同等大小的麵團。動作輕柔地將兩塊麵團滾圓，不要過度擠壓。

鬆弛和整形麵團：讓麵團在室溫下休息 15 到 20 分鐘，將麵團滾成圓形或橢圓形，放入撒上在來米粉的麵包發酵籃中。

第二次發酵：室溫下讓麵團靜置發酵 2 到 4 小時（依據室溫條件不同），或是放入冰箱冷藏一夜。

割紋：將麵團倒出在烤盤紙上，使用刀片畫出喜愛的紋路。

烘焙：鑄鐵鍋以 250℃預熱 30 分鐘後，放入麵團蓋上鍋蓋烤 20 分鐘，然後取出鍋蓋再烤 15 分鐘。最後階段觀察麵包的外表，外皮達到金黃焦脆即可出爐。

橄欖百里香乳酪麵包

材料列表

100 克 天然活性酵母
330-365 克 過濾水
150 克 綜合穀物麵粉
380 克 灰分 T65 麵粉（可用高筋麵粉替代）
2 茶匙 乾燥百里香
80 克 乳酪切丁（選擇硬質的高達乳酪、艾曼塔乳酪皆可）
去核黑色橄欖（依個人喜好添加）

製作方法

自我分解：取一只大碗，將水、乾燥百里香和兩種麵粉倒入碗中，使用木質湯匙快速混合。讓麵團靜置 45 到 60 分鐘進行自我分解。

加入酵母：加入天然活性酵母，使用木質湯匙或桌上型攪拌機將酵母均勻混入麵團。蓋上乾布，讓麵團再度靜置 20 分鐘。

加入鹽：將鹽均勻撒在麵團上，並稍為攪拌使其溶入麵團。

第一次發酵，加入乳酪丁和橄欖，使用摺疊法收麵：雙手沾溼，將麵團略為整圓後，蓋上乾布讓麵團靜置發酵 2 到 4 小時（依據室溫條件不同）。
第一個 45 分鐘過後，將乳酪丁和橄欖均勻撒在麵團表面，使用摺疊法收麵讓乳酪丁和橄欖混入麵團，之後每隔 30 分鐘使用摺疊法收麵一次（共需四次）。

分割和滾圓：將麵團倒在撒過薄麵粉的工作檯面上，使用切麵刀將麵團分切為兩塊同等大小的麵團，或直接滾圓整塊麵團以製作大型麵包。滾圓時注意動作輕柔，不要過度擠壓麵團。

鬆弛和整形麵團：讓麵團在室溫下休息 20 到 25 分鐘，將麵團滾成圓形或橢圓形，放入撒上在來米粉的麵包發酵籃中。

第二次發酵：室溫下讓麵團靜置發酵 3 到 6 小時（依據室溫條件不同），或是放入冰箱冷藏一夜。

割紋：將麵團倒出在烤盤紙上，使用刀片畫出喜愛的紋路。

烘焙：鑄鐵鍋以 250℃ 預熱 30 分鐘後，放入麵團蓋上鍋蓋烤 20 分鐘，然後取出鍋蓋再烤 15 分鐘。最後階段觀察麵包的外表，外皮達到金黃焦脆即可出爐。

大麥粉雜糧種籽麵包

材料列表

100 克 天然活性酵母

320-350 克 過濾水

75 克 大麥粉（小薏仁粉）

400 克 灰分 T65 麵粉（可用高筋麵粉替代）

40 克 杜蘭細粒小麥粉（細磨硬質小麥粉）

75 克 綜合種籽（芝麻、罌粟籽、亞麻籽、葵花籽）

70 克 水，用來浸泡種籽

10 克 鹽

製作方法

預處理種籽：取一柄平底鍋，將綜合種子放入鍋中以中小火乾炒數分鐘，注意不要讓種籽燒焦。將炒香的種籽倒入小碗中，然後加入 70 克的水，確保所有種籽浸泡在水中後，靜置備用。

自我分解：取一只大碗，將水、兩種麵粉以及杜蘭細粒小麥粉倒入碗中，使用木質湯匙快速攪拌讓麵粉與水混合。讓麵團靜置 60 分鐘進行自我分解。

加入酵母：加入天然活性酵母，使用木質湯匙或桌上型攪拌機（附攪拌勾），將酵母均勻混入麵團後，蓋上乾布讓麵團再度靜置 20 分鐘。

加入鹽：將鹽均勻撒在麵團上，並稍為攪拌使其溶入麵團。

第一次發酵，加入綜合種籽並且使用摺疊法收麵：雙手沾溼，將麵團略為整圓，蓋上乾布讓麵團靜置發酵 2 到 4 小時（依據室溫條件不同）。

第一個 30 分鐘過後，將預先泡過水的種籽均勻撒在麵團表面，使用摺疊法收麵讓種籽混入麵團，之後每隔 30 分鐘使用摺疊法收麵一次（共需四次）。

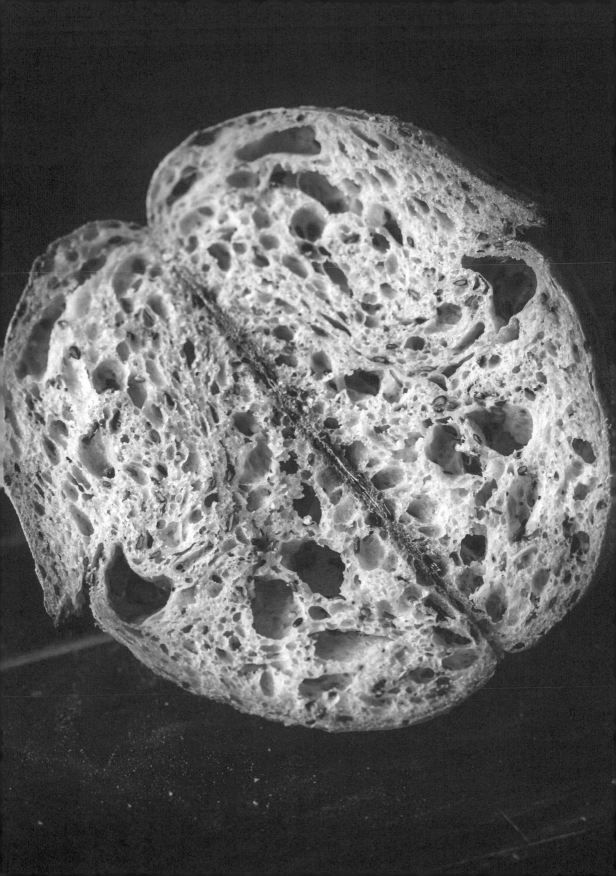

分割和滾圓：將麵團倒在撒過薄麵粉的工作檯面上，使用切麵刀將麵團分切為兩塊同等大小的麵團，或直接滾圓整塊麵團以製作大型麵包。滾圓時注意動作輕柔，不要過度擠壓麵團。

鬆弛和整形麵團：讓麵團在室溫下休息 20 到 25 分鐘，然後將麵團滾成圓形或橢圓形，放入撒上在來米粉的麵包發酵籃中。

第二次發酵：室溫下讓麵團靜置發酵 3 到 6 小時（依據室溫條件不同），或是放入冰箱冷藏一夜。

割紋：將麵團倒出在烤盤紙上，使用刀片畫出喜愛的紋路。

烘焙：鑄鐵鍋以 250℃預熱 30 分鐘後，放入麵團蓋上鍋蓋烤 20 分鐘，然後取出鍋蓋再烤 20 分鐘即可。

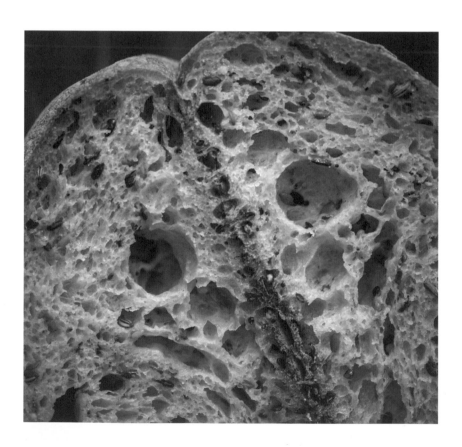

巧巴達麵包

材料列表

150 克 天然活性酵母

350-380 克 過濾水

500 克「00 級」披薩專用粉（可使用灰分 T65 麵粉或高筋麵粉替代）

35 克 橄欖油

10 克 鹽

製作方法

自我分解：取一只大碗，將水和麵粉倒入碗中，使用木質湯匙快速攪拌讓麵粉與水混合。讓麵團靜置 60 分鐘進行自我分解。

加入酵母：加入天然活性酵母，使用木質湯匙或桌上型攪拌機（附攪拌勾），將酵母均勻拌入麵團後，蓋上乾布讓麵團再度靜置 20 分鐘。

加入鹽：將鹽均勻撒在麵團上，並稍為攪拌使其溶入麵團。

第一次發酵和摺疊法收麵：將麵團倒入塗過橄欖油的大碗或盆內，蓋上乾布讓麵團靜置發酵 3 到 4 小時（依據室溫條件不同）。

每隔 30 分鐘使用摺疊法收麵一次（共需四次），收麵時雙手塗上橄欖油以防止麵團沾黏。

分割：為了方便分割麵團以及進一步提升香氣，將麵團放入塗過橄欖油的氣密保鮮盒中，放入冰箱冷藏一夜。

隔日將麵團倒在撒過薄麵粉的工作檯面上，再於麵團上方輕撒麵粉，然後使用切麵刀將麵團分切為三塊同等大小的長方形麵團，將分割後的麵團放在烤盤紙上靜置。

烘焙：將烘焙用石板烤盤置於烤架上，烤箱下層也放入隨附烤盤，將石板、烤架與烤盤一起以 250℃ 預熱至少 30 分鐘。接著將放在烤盤紙上靜置的麵團，利用木鏟或木砧板托起，快速地滑入烤箱內的石板上，同時在下方烤盤中倒入一杯熱開水，迅速關上烤箱門。

　　巧巴達麵包烘焙時間約 20 分鐘，待表面呈金黃色，拿木鏟輕敲有空心聲即可出爐。

　　出爐後將巧巴達麵包置於烤架上放涼，平切開來就可以製作各種美味可口的夾餡三明治。

櫛瓜和帕梅善乳酪麵包

材料列表

100 克 天然活性酵母

320-360 克 過濾水

550 克 灰分 T65 麵粉（可用高筋麵粉替代）

200 克 櫛瓜，刨絲並瀝乾水分備用

120 克 帕梅善乳酪，刨絲備用

10 克 鹽

製作方法

預處理櫛瓜：用刨刀把櫛瓜刨絲，然後把櫛瓜絲放在乾布或廚房紙巾中擠壓，盡可能地把水分擠乾後，靜置備用。

自我分解：取一只大碗，將水和麵粉倒入碗中，使用木質湯匙快速攪拌讓麵粉與水混合。讓麵團靜置 60 分鐘進行自我分解。

加入酵母：加入天然活性酵母，使用木質湯匙或桌上型攪拌機（附攪拌勾），將酵母均勻拌入麵團。蓋上乾布讓麵團再度靜置 10 分鐘。

加入鹽：將鹽均勻撒在麵團上，並稍為攪拌使其溶入麵團。

第一次發酵，加入帕梅善乳酪和櫛瓜絲，使用摺疊法收麵：雙手沾溼，將麵團略為整圓後，蓋上乾布讓麵團靜置發酵 2 到 4 小時（依據室溫條件不同）。

第一個 45 分鐘過後，將帕梅善乳酪絲和櫛瓜絲均勻撒在麵團表面，使用摺疊法收麵讓乳酪絲和櫛瓜絲混入麵團，之後每隔 30 分鐘使用摺疊法收麵一次（共需四次）。

分割和滾圓：將麵團倒在撒過薄麵粉的工作檯面上，使用切麵刀將麵團分切為兩塊同等大小的麵團，或直接滾圓整塊麵團以製作大型麵包。滾圓時注意動作輕柔，不要過度擠壓麵團。

鬆弛和整形麵團：讓麵團在室溫下休息 20 分鐘，然後將麵團滾成圓形或橢圓形，放入撒上在來米粉的麵包發酵籃中。

　　第二次發酵：室溫下讓麵團靜置發酵 3 到 4 小時（依據室溫條件不同），或是放入冰箱冷藏一夜。

　　割紋：將麵團倒出在烤盤紙上，使用刀片畫出喜愛的紋路。

　　烘焙：將鑄鐵鍋以 250℃預熱 30 分鐘後，放入麵團蓋上鍋蓋烤 20 分鐘，然後取出鍋蓋再烤 20 分鐘即可。

天然水果酵母杜蘭小麥麵包

材料列表

125 克 天然活性酵母（水果酵母）

330-370 克 過濾水

230 克 杜蘭細粒小麥粉（細磨硬質小麥粉）

270 克 灰分 T65 麵粉（可用高筋麵粉替代）

40 克 無鹽奶油，室溫下放軟備用

10 克 鹽

製作方法

自我分解： 取一只大碗，將水、麵粉和杜蘭細粒小麥粉倒入碗中，使用木質湯匙快速攪拌讓麵粉與水混合。讓麵團靜置 60 到 120 分鐘進行自我分解。

加入酵母： 加入天然活性酵母，使用木質湯匙或桌上型攪拌機（附攪拌勾），將酵母均勻拌入麵團後，蓋上乾布讓麵團再度靜置 20 分鐘。

加入鹽和奶油： 將鹽均勻撒在麵團上，並稍為攪拌使其溶入麵團，然後再將軟化奶油搗碎加入，持續攪拌直到形成均質麵團為止。

第一次發酵和摺疊法收麵： 雙手沾溼，將麵團略為整圓後，蓋上乾布，依據室溫條件不同讓麵團靜置發酵 2 到 4 小時。發酵過程中，每隔 30 分鐘使用摺疊法收麵一次（共需四次）。

分割和滾圓： 將麵團倒在撒過薄麵粉的工作檯面上，使用切麵刀將麵團分切為兩塊同等大小的麵團，或直接滾圓整塊麵團以製作大型麵包。滾圓時注意動作輕柔，不要過度擠壓麵團。

鬆弛和整形麵團： 讓麵團在室溫下休息 20 到 25 分鐘，然後將麵團滾成圓形或橢圓形，放入撒上在來米粉的麵包發酵籃中。

第二次發酵：室溫下讓麵團靜置發酵 3 到 4 小時（依據室溫條件不同），或是放入冰箱冷藏一夜。

割紋：將麵團倒出在烤盤紙上，使用刀片畫出喜愛的紋路。

烘焙：將鑄鐵鍋以 250℃預熱 30 分鐘後，放入麵團蓋上鍋蓋烤 20 分鐘，然後取出鍋蓋再烤 15 分鐘即可。最後階段觀察麵包的外表，外皮達到金黃焦脆即可出爐。

不一樣的選擇

可以在割紋的步驟，撒一點黑種草籽在麵團的割口處，會更增添麵包的香氣！

哈拉猶太辮子麵包

材料列表

200 克　天然活性酵母

125 克　溫水

80 克　食用油

150 克　雞蛋（約 3 顆）

40 克　白砂糖

600 克　灰分 T55 或 T45 麵粉（可用中筋或低筋麵粉替代）

11 克　鹽

蛋黃液和少許白芝麻，作為表面裝飾

製作方法

準備麵團：在桌上型攪拌機隨附的不鏽鋼盆內，倒入溫水、雞蛋、食用油，然後再倒入酵母混合均勻。

接下來加入麵粉、鹽、糖，啟動攪拌機混合麵團，過程中記得使用矽膠刮刀或木質湯匙將沾黏在盆壁的麵團刮下，一直攪拌直到形成光滑均質的麵團為止。

第一次發酵：將麵團倒入塗過食用油的大碗或盆中，包覆保鮮膜，室溫下靜置發酵 3 到 5 小時（依據室溫條件不同）。

分割和整形麵團：將麵團倒在撒過薄麵粉的工作檯面上，使用切麵刀將麵團分切為兩塊同等大小的麵團，並將兩塊麵團分別搓成長條狀並編織成辮子造型。你也可以將麵團分成同等大小的六塊麵團，搓成六條長條後共同編織成一個大型辮子麵包。

將編織成型的辮子麵團放在鋪有烤盤紙的烤盤上，準備第二次發酵。

第二次發酵：室溫下讓麵團靜置發酵 4 到 6 小時（依據室溫條件不同）。

最後裝飾和烘焙：烤箱預熱 200℃。將一顆蛋黃和一湯匙水在小碗中打散，使用小刷子將蛋黃液塗抹在麵包表面，然後撒上少許白芝麻作為裝飾。將麵團連同烤盤送入烤箱後，隨即把溫度轉低至 180℃，根據麵包大小不同，烤 30 到 45 分鐘不等。如果擔心麵包表面烤焦，可以在烘焙過程中在麵團上方輕放一層鋁箔紙即可。

紅蘿蔔匈牙利甜椒麵包

材料列表

100 克 天然活性酵母

300-350 克 紅蘿蔔汁

450 克 灰分 T65 麵粉（可用高筋麵粉替代）

50 克 灰分 T150 麵粉（可用全麥麵粉替代）

2 茶匙 匈牙利紅椒粉

10 克 鹽

製作方法

自我分解：取一只大碗，將紅蘿蔔汁、匈牙利紅椒粉和兩種麵粉倒入碗中，使用木質湯匙快速攪拌讓麵粉與紅蘿蔔汁混合。讓麵團靜置 45 到 60 分鐘進行自我分解。

加入酵母：加入天然活性酵母，使用木質湯匙或桌上型攪拌機（附攪拌勾），將酵母均勻拌入麵團後，蓋上乾布，讓麵團再度靜置 20 分鐘。

加入鹽：將鹽均勻撒在麵團上，並稍為攪拌使其溶入麵團。

第一次發酵和摺疊法收麵：雙手沾溼，將麵團略為整圓後放入盆中，蓋上乾布，依據室溫條件不同讓麵團靜置發酵 2 到 4 小時。
靜置期間，每隔 30 分鐘使用摺疊法收麵一次（共需四次）。

分割和滾圓：將麵團倒在撒過薄麵粉的工作檯面上，使用切麵刀將麵團分切為兩塊同等大小的麵團，或直接滾圓整塊麵團以製作大型麵包。滾圓時注意動作輕柔，不要過度擠壓麵團。

鬆弛和整形麵團：讓麵團在室溫下休息 20 到 25 分鐘，然後將麵團滾成圓形或橢圓形，放入撒上在來米粉的麵包發酵籃中。

第二次發酵：室溫下讓麵團靜置發酵 3 到 4 小時（依據室溫條件不同），或是放入冰箱冷藏一夜。

割紋：將麵團倒出在烤盤紙上，使用刀片畫出喜愛的紋路。

烘焙：將鑄鐵鍋以 250℃預熱 30 分鐘後，放入麵團蓋上鍋蓋烤 20 分鐘，然後取出鍋蓋再烤 20 分鐘即可。

黑麥方塊麵包

材料列表

100 克 天然活性酵母

320-350 克 過濾水

450 克 灰分 T65 麵粉（可用高筋麵粉替代）

25 克 灰分 T150 麵粉（可用全麥麵粉替代）

25 克 灰分 T130 裸麥麵粉（黑裸麥）

10 克 鹽

製作方法

自我分解：取一只大碗，將水和三種麵粉倒入碗中，使用木質湯匙快速攪拌讓麵粉與水混合。讓麵團靜置 60 分鐘進行自我分解。

加入酵母：加入天然活性酵母，使用木質湯匙或桌上型攪拌機（附攪拌勾），將酵母均勻拌入麵團後，蓋上乾布讓麵團再度靜置 20 分鐘。

加入鹽：將鹽均勻撒在麵團上，並稍為攪拌使其溶入麵團。

第一次發酵和摺疊法收麵：蓋上乾布，依據室溫條件不同讓麵團靜置發酵 3 到 4 小時。靜置發酵期間，每隔 30 分鐘使用摺疊法收麵一次（共需四次）。

發酵結束後，將麵團放入塗過食用油的盆中或氣密保鮮盒中密封保存，放入冰箱冷藏一夜（最長可達 18 小時），可讓麵團風味更佳。

分割：隔天將麵團倒在撒過薄麵粉的工作檯面上，動作輕柔避免擠壓到麵團，使用切麵刀將麵團分切為相同大小的方塊造型。

割紋：將方塊麵團置於烤盤紙上，使用刀片畫出喜愛的紋路。

烘焙：將烘焙用石板烤盤置於烤架上，烤箱下層也放入隨附烤盤，石板、烤架與烤盤一起以 250℃預熱 30 分鐘。接著將放在烤盤紙上靜置的麵團，利用木鏟或木砧板托起，快速地滑入烤箱內的石板上，同時在下方烤盤倒入一杯熱開水，迅速關上烤箱門。

黑麥方塊麵包烘焙時間約 20 分鐘，待表面呈金黃色，拿木鏟輕敲有空心聲即可出爐。

出爐後將黑麥方塊麵包置於烤架上放涼即可享用。

薑黃黑種草籽麵包

材料列表

200 克 天然活性酵母

300-350 克 過濾水

500 克 灰分 T65 麵粉（可用高筋麵粉替代）

3 湯匙 薑黃粉

3 湯匙 黑種草籽

10 克 鹽

製作方法

自我分解： 取一只大碗，將水、薑黃粉和麵粉倒入碗中，使用木質湯匙快速攪拌讓麵粉與水混合。讓麵團靜置 30 到 60 分鐘進行自我分解。

加入酵母： 加入天然活性酵母，使用木質湯匙或桌上型攪拌機（附攪拌勾），將酵母均勻拌入麵團後，蓋上乾布讓麵團再度靜置 20 分鐘。

加入鹽： 將鹽均勻撒在麵團上，並稍為攪拌使其溶入麵團。

第一次發酵和摺疊法收麵： 雙手沾溼，將麵團略為整圓後，蓋上乾布，依據室溫條件不同讓麵團靜置發酵 2 到 3 小時。

第一個 30 分鐘過後，將黑種草籽均勻撒在麵團上，使用摺疊法收麵把黑種草籽均勻混入麵團中。之後每隔 45 分鐘使用摺疊法收麵一次（共需四次）。

發酵結束後，將麵團放入塗過食用油的盆中或氣密保鮮盒密封，放入冰箱冷藏一夜。

分割和滾圓： 隔天將麵團倒出放在撒過麵粉的工作檯面上，使用切麵刀將麵團分切為兩塊同等大小的麵團，或直接滾圓整塊麵團以製作大型麵包。滾圓時注意動作輕柔，不要過度擠壓麵團。

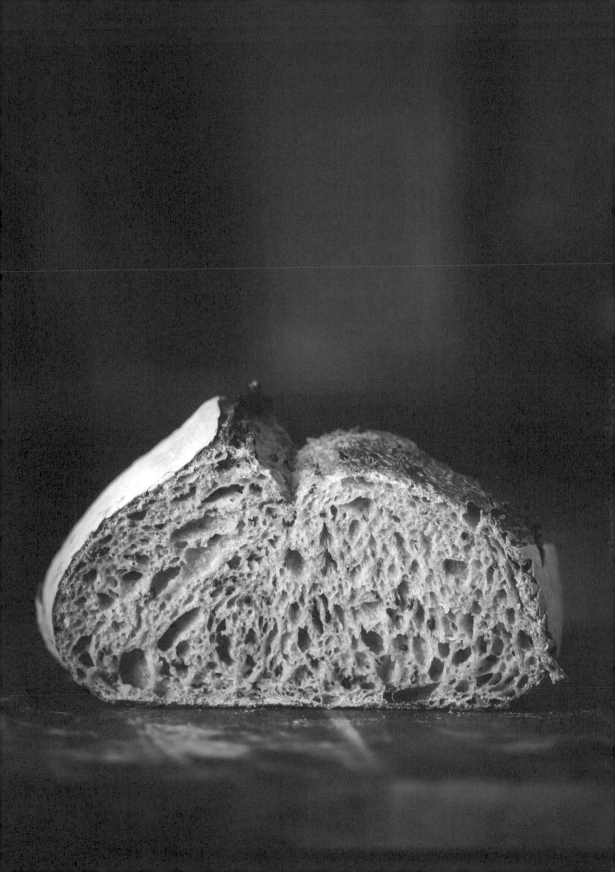

鬆弛和整形麵團：讓麵團在室溫下休息 15 分鐘，然後將麵團滾成圓形或橢圓形，放入撒上在來米粉的麵包發酵籃中。

第二次發酵：室溫下讓麵團靜置發酵 3 到 4 小時（依據室溫條件不同），或是放入冰箱冷藏一夜。

割紋：將麵團倒出在烤盤紙上，使用刀片畫出喜愛的紋路。

烘焙：鑄鐵鍋以 250℃預熱 30 分鐘，放入麵團後蓋上鍋蓋烤 20 分鐘，然後取出鍋蓋再烤 20 分鐘即可。

普羅旺斯香料麵包

材料列表

100 克 天然活性酵母

300-350 克 過濾水

450 克 灰分 T65 麵粉（可用高筋麵粉替代）

50 克 灰分 T110 或 T150 麵粉（可用全麥麵粉替代）

30 克 罐頭番茄乾（瀝乾油份），切成小丁備用

1 湯匙 綜合香料（奧勒岡、百里香、羅勒）

10 克 鹽

製作方法

自我分解：取一只大碗，將水、綜合香料和麵粉倒入碗中，使用木質湯匙快速攪拌讓麵粉與水混合。讓麵團靜置休息 40 分鐘進行自我分解。

加入酵母：加入天然活性酵母，使用木質湯匙或桌上型攪拌機（附攪拌勾），將酵母均勻拌入麵團後，蓋上乾布讓麵團再度靜置 20 分鐘。

加入鹽：將鹽均勻撒在麵團上，並稍為攪拌使其溶入麵團。

第一次發酵，加入番茄乾並且使用摺疊法收麵：雙手沾溼，將麵團略為整圓後，蓋上乾布，依據室溫條件不同讓麵團靜置發酵 2 到 3 小時。

第一個 30 分鐘過後，將切丁的番茄乾均勻撒在麵團上，使用摺疊法收麵讓番茄乾均勻混入麵團。之後每隔 45 分鐘使用摺疊法收麵一次（共需四次）。

分割和滾圓：將麵團倒出放在撒過麵粉的工作檯面上，使用切麵刀將麵團分切為兩塊同等大小的麵團，或直接滾圓整塊麵團以製作大型麵包。滾圓時注意動作輕柔，不要過度擠壓麵團。

鬆弛和整形麵團：讓麵團在室溫下休息 15 分鐘，然後將麵團滾成圓形或橢圓形，放入撒上在來米粉的麵包發酵籃中。

　　第二次發酵：室溫下讓麵團靜置發酵 3 到 4 小時（依據室溫條件不同），或是放入冰箱冷藏一夜。

　　割紋：將麵團倒出在烤盤紙上，使用刀片畫出喜愛的紋路。

　　烘焙：鑄鐵鍋以 250℃預熱 30 分鐘，放入麵團後蓋上鍋蓋烤 20 分鐘，然後取出鍋蓋再烤 20 分鐘即可。

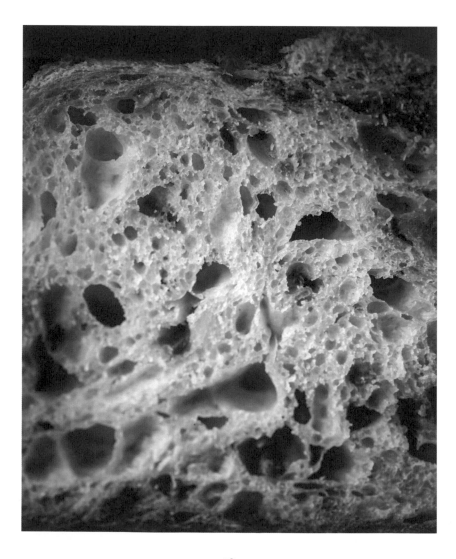

中東白芝麻醬麵包（卡姆麵粉）

材料列表
100 克　天然活性酵母
330-360 克　過濾水
380 克　灰分 T65 麵粉（可用高筋麵粉替代）
120 克　卡姆麵粉（霍拉桑小麥）
35 克　中東白芝麻醬（Tahini）
10 克　鹽

製作方法

自我分解：取一只大碗，將水和兩種麵粉倒入碗中，使用木質湯匙快速攪拌讓麵粉與水混合。讓麵團靜置 60 到 90 分鐘進行自我分解。

加入酵母和中東白芝麻醬：加入天然活性酵母和白芝麻醬，使用木質湯匙或桌上型攪拌機（附攪拌勾），將酵母和白芝麻醬均勻拌入麵團後，蓋上乾布，讓麵團再度靜置 20 分鐘。

加入鹽：將鹽均勻撒在麵團上，並稍為攪拌使其溶入麵團。

第一次發酵和摺疊法收麵：雙手沾溼，將麵團略為整圓後，蓋上乾布，依據室溫條件不同讓麵團靜置發酵 3 到 4 小時。
發酵過程中，每隔 30 分鐘使用摺疊法收麵一次（共需四次）。

分割和滾圓：將麵團倒出放在撒過麵粉的工作檯面上，使用切麵刀將麵團分切為兩塊同等大小的麵團，或直接滾圓整塊麵團以製作大型麵包。滾圓時注意動作輕柔，不要過度擠壓麵團。

鬆弛和整形麵團：讓麵團在室溫下休息 20 分鐘，然後將麵團滾成圓形或橢圓形，放入撒上在來米粉的麵包發酵籃中。

第二次發酵：室溫下讓麵團靜置發酵 3 到 4 小時（依據室溫條件不同），或是放入冰箱冷藏一夜。

割紋：將麵團倒出在烤盤紙上，使用刀片畫出喜愛的紋路。

烘焙：鑄鐵鍋以 250℃預熱 30 分鐘，放入麵團後蓋上鍋蓋烤 20 分鐘，然後取出鍋蓋再烤 20 分鐘即可。

天然酵母墨西哥薄餅

材料列表

100 克 天然活性酵母

140-160 克 溫水

225 克 灰分 T65 麵粉（可用高筋麵粉替代）

75 克 灰分 T150 麵粉（可用全麥麵粉替代）

25 克 食用油

5 克 鹽

製作方法

準備麵團：取一只大碗，將天然酵母倒入溫水中溶解，接著加入兩種麵粉並且使用木質湯匙快速攪拌混合。不要過度攪拌麵團。讓麵團靜置休息 45 分鐘，然後再加入鹽、食用油並且持續攪拌直到形成光滑均質的麵團為止。

第一次發酵：雙手沾溼，將麵團略為整圓後，蓋上乾布，依據室溫條件不同讓麵團靜置發酵 3 到 5 小時。

分割、整形麵團和鬆弛：將麵團倒在撒過薄麵粉的工作檯面上，使用切麵刀將麵團分切為柳丁大小的麵團。將小麵團逐一滾圓，然後覆蓋上一張保鮮膜，室溫下靜置休息 30 分鐘。

烘焙：取一柄平底不沾鍋，開小火預熱。輕撒麵粉在麵團和工作檯面上，使用擀麵棍將麵團逐一擀開形成厚度均勻的圓形薄餅。過程中隨時補充檯面的麵粉，讓每一張薄餅在擀開的過程中都不會沾黏到工作檯面。

使用中火乾煎薄餅兩面，每一面約煎 1 到 2 分鐘即可。

煎好的墨西哥薄餅可以蓋上乾布以防止水蒸氣散失，最後可將所有的薄餅放進密封保鮮盒中儲藏，防止乾燥和硬化。

50/50 麵包

材料列表

120 克 天然活性酵母
300-350 克 溫水
250 克 灰分 T65 麵粉（可用高筋麵粉替代）
250 克 灰分 T150 石臼研磨麵粉
10 克 鹽

製作方法

自我分解：取一只大碗，將水和兩種麵粉倒入碗中，使用木質湯匙快速攪拌讓麵粉與水混合。讓麵團靜置休息 60 分鐘。

加入酵母：加入天然活性酵母，使用木質湯匙或桌上型攪拌機（附攪拌勾），將酵母均勻拌入麵團後，蓋上乾布，讓麵團再度靜置 20 分鐘。

加入鹽：將鹽均勻撒在麵團上，並稍為攪拌使其溶入麵團。

第一次發酵和摺疊法收麵：雙手沾溼，將麵團略為整圓後，蓋上乾布，依據室溫條件不同讓麵團靜置發酵 2 到 3 小時。發酵過程中，每隔 30 分鐘使用摺疊法收麵一次（共需四次）。

分割和滾圓：將麵團倒出放在撒過麵粉的工作檯面上，使用切麵刀將麵團分切為兩塊同等大小的麵團，或直接滾圓整塊麵團以製作大型麵包。滾圓時注意動作輕柔，不要過度擠壓麵團。

鬆弛和整形麵團：讓麵團在室溫下休息 15 分鐘，然後將麵團滾成圓形或橢圓形，放入撒上在來米粉，或是撒上麥片或燕麥片的麵包發酵籃中。

第二次發酵：室溫下讓麵團靜置發酵 3 到 4 小時（依據室溫條件不同），或是放入冰箱冷藏一夜。

割紋：將麵團倒出在烤盤紙上，使用刀片畫出喜愛的紋路。

烘焙：鑄鐵鍋以 250℃ 預熱 30 分鐘，放入麵團後蓋上鍋蓋烤 20 分鐘，然後取出鍋蓋再烤 15 分鐘即可。

古早味芥末籽圓麵包

材料列表

100 克 天然活性酵母

100 克 過濾水

230 克 溫牛奶

25 克 白砂糖

60 克 奶油，室溫下放軟備用

500 克 灰分 T65 麵粉（可用高筋麵粉替代）

10 克 鹽

75 克 法式芥末籽醬

蛋黃液和少許乳酪丁，作為表面裝飾

製作方法

準備麵團：在桌上型攪拌機隨附的不鏽鋼盆內，先將酵母倒入溫水中溶解，然後加入溫牛奶、砂糖、麵粉、芥末籽醬和鹽。啟動攪拌機混合材料數分鐘，過程中記得使用矽膠刮刀或木質湯匙將沾黏在盆壁的麵團刮下，最後加入軟化的奶油，持續攪拌直到形成光滑均質的麵團為止。

如果麵團太過濕黏，可以酌量再加入一些麵粉。麵團的質地應該要顯得柔軟而非黏糊。

第一次發酵：將麵團倒入塗過食用油的大碗或盆內略為整圓，然後蓋上乾布在室溫下靜置發酵 3 到 4 小時（依據室溫條件不同）。靜置發酵期間，每隔 45 分鐘使用摺疊法收麵一次（共需三次）。

發酵結束後可以選擇將麵團放入密封保鮮盒中，隔日再使用。

分割和整形：將麵團倒在撒過薄麵粉的工作檯面上，使用切麵刀將麵團分切為約 100 克重量的大小。將每塊小麵團整圓後，放在鋪有烤盤紙的烤盤上，上頭覆蓋保鮮膜準備進行第二次發酵。

第二次發酵：室溫下讓麵團靜置發酵到 3 到 5 小時（依據室溫條件不同）。

最後裝飾：將一顆蛋黃和一湯匙水在小碗中打散，使用小刷子將蛋黃液塗抹在麵包表面，然後撒上少許乳酪丁或白芝麻作為裝飾。

烘焙：烤箱預熱 200℃。將麵團送入烤箱後，隨即將溫度轉低至 180℃烤 25 到 30 分鐘，直到麵包外皮呈現金香酥脆的色澤即可。

麵包出爐後，可以趁熱在上頭撒上一些西洋香菜末。古早味芥末籽圓麵包非常適合拿來製作美味漢堡！

亞麻籽麵包

材料列表
100 克 天然活性酵母
330-360 克 過濾水
50 克 灰分 T110 全麥麵粉
450 克 灰分 T65 麵粉（可用高筋麵粉替代）
40 克 亞麻籽
10 克 鹽

製作方法

自我分解：取一只大碗，將水、兩種麵粉和亞麻籽倒入碗中，使用木質湯匙快速攪拌讓麵粉與水混合。蓋上碗蓋或以保鮮膜密封，放入冰箱冷藏一夜以進行自我分解。

由於冷藏需要的自我分解時間較長，可以另一邊同步替天然酵母再添加一次新的補充液，這樣隔天早上便可以接續製作麵包。

加入酵母：隔天，將天然活性酵母加入麵團中，使用木質湯匙或桌上型攪拌機（附攪拌勾），將酵母均勻拌入麵團，蓋上乾布，讓麵團再度靜置 20 分鐘。

加入鹽：將鹽均勻撒在麵團上，並稍為攪拌使其溶入麵團。

第一次發酵和摺疊法收麵：雙手沾溼，將麵團略為整圓後，蓋上乾布，依據室溫條件不同讓麵團靜置發酵 2 到 3 小時。發酵過程中，每隔 30 分鐘使用摺疊法收麵一次（共需四次）。

分割和滾圓：將麵團倒出放在撒過麵粉的工作檯面上，使用切麵刀將麵團分切為兩塊同等大小的麵團，或直接滾圓整塊麵團以製作大型麵包。滾圓時注意動作輕柔，不要過度擠壓麵團。

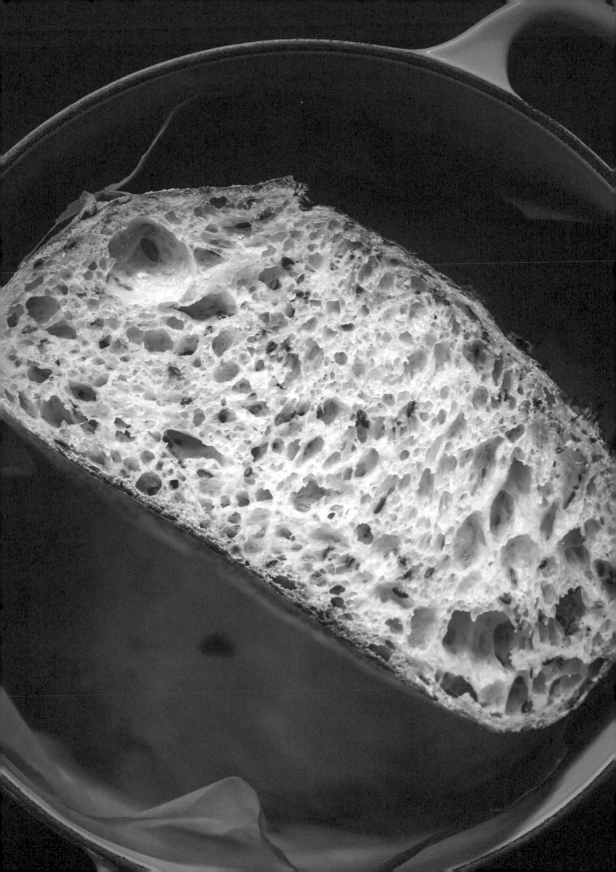

鬆弛和整形麵團：讓麵團在室溫下休息 20 到 25 分鐘，然後將麵團滾成圓形或橢圓形，放入撒上在來米粉的麵包發酵籃中。

第二次發酵：室溫下讓麵團靜置發酵 3 到 6 小時（依據室溫條件不同），或是放入冰箱冷藏一夜。

割紋：將麵團倒出在烤盤紙上，使用刀片畫出喜愛的紋路。

烘焙：鑄鐵鍋以 250℃預熱 30 分鐘，放入麵團後蓋上鍋蓋烤 20 分鐘，然後取出鍋蓋再烤 20 分鐘即可。

烏梅和四種麵粉麵包

材料列表

100 克 天然活性酵母

330-360 克 過濾水

380 克 灰分 T65 麵粉（可用高筋麵粉替代）

60 克 灰分 T150 麵粉（可用全麥麵粉替代）

40 克 灰分 T150 裸麥麵粉

20 克 蕎麥麵粉

10 克 鹽

5 到 6 顆去核烏梅，對切兩半備用

製作方法

自我分解：取一只大碗，將水和四種麵粉倒入碗中，使用木質湯匙快速攪拌讓麵粉與水混合。讓麵團靜置 30 分鐘進行自我分解。

加入酵母：加入天然活性酵母，使用木質湯匙或桌上型攪拌機（附攪拌勾），將酵母均勻拌入麵團。

蓋上乾布，讓麵團再度靜置 20 分鐘。

加入鹽：將鹽均勻撒在麵團上，並稍為攪拌使其溶入麵團。

第一次發酵和摺疊法收麵：雙手沾溼，將麵團略為整圓後，蓋上乾布，依據室溫條件不同讓麵團靜置發酵 2 到 3 小時。發酵過程中，每隔 30 分鐘使用摺疊法收麵一次（共需四次）。

可以在第一次摺疊法收麵時加入烏梅，也可以選擇在整形麵團時再加入。

分割和滾圓：將麵團倒出放在撒過麵粉的工作檯面上，使用切麵刀將麵團分切為兩塊同等大小的麵團，或直接滾圓整塊麵團以製作大型麵包。滾圓時注意動作輕柔，不要過度擠壓麵團。

鬆弛、加入烏梅和整形麵團：讓麵團在室溫下休息 15 分鐘。將烏梅均勻撒在麵團上，使用摺疊法把烏梅混入，再將麵團滾成圓形或橢圓形後，放入撒上在來米粉或是預先撒上麥片或燕麥片的麵包發酵籃中。

第二次發酵：室溫下讓麵團靜置發酵 3 到 4 小時（依據室溫條件不同），或是放入冰箱冷藏一夜。

割紋：將麵團倒出在烤盤紙上，使用刀片畫出喜愛的紋路。

烘焙：鑄鐵鍋以 250℃預熱 30 分鐘，放入麵團後蓋上鍋蓋烤 20 分鐘，然後取出鍋蓋再烤 15 分鐘。出爐後將麵包置於烤架上放涼即可享用。

全粒粉皮塔口袋麵包

材料列表
100 克　天然活性酵母
360 克　過濾水
500 克　灰分 T150 石臼研磨全粒粉
10 克　鹽

製作方法

自我分解：將水和麵粉倒入桌上型攪拌機隨附的不鏽鋼盆內，使用木質湯匙快速攪拌讓麵粉與水混合。讓麵團靜置 45 分鐘進行自我分解。

加入酵母：加入天然活性酵母，使用桌上型攪拌機（附攪拌勾），將酵母均勻拌入麵團。
蓋上乾布，讓麵團再度靜置 30 到 40 分鐘。

加入鹽：將鹽均勻撒在麵團上，並稍為攪拌使其溶入麵團。

第一次發酵和摺疊法收麵：雙手沾溼，將麵團略為整圓後，蓋上乾布，依據室溫條件不同讓麵團靜置發酵 2 到 3 小時。
發酵過程開始後，每隔 30 分鐘使用摺疊法收麵一次（共需兩次即可）。

分割和滾圓：將麵團倒出放在撒過麵粉的工作檯面上，使用切麵刀將麵團分切為 6 到 8 塊同等大小的麵團。將每塊麵團逐一滾圓，過程中隨時補充檯面和麵團上的麵粉，以免沾黏工作檯面。

烘焙：將烘焙用石板烤盤放入烤箱，以 250℃ 預熱至少 30 分鐘（如果烤箱可以設定超過 250℃，則選擇更高溫度）。將麵團撒上乾麵粉後用擀麵棍擀平，再利用木鏟或木砧板托起，快速滑入烤箱內的石板上。烘烤約 5 到 7 分鐘後，皮塔口袋麵包會像吹氣球般中空膨起。
將剛出爐的皮塔口袋麵包蓋上一層乾布保存，以免水蒸氣散逸導致麵包乾燥硬化。

裸麥雜糧種籽吐司麵包

材料列表

125 克 天然活性酵母（最後一次使用純裸麥補充液培養）
100 克 灰分 T65 白麵粉（可用高筋麵粉替代）
120 克 灰分 T170 裸麥麵粉
1/2 茶匙 麥芽粉（非必須）
40 克 全粒裸麥，搗碎備用
40 克 全粒小麥
300 克 過濾水
85 克 綜合種籽（葵花籽、南瓜籽、亞麻籽、芝麻皆可）
1 湯匙 蜂蜜
6 克 鹽
燕麥片或麥片少許，作為最後裝飾使用

製作方法

預處理種籽：取一只大碗，倒入水和酵母，使其溶解。然後倒入小麥和裸麥顆粒以及綜合種籽，室溫下浸泡在酵母溶液中 8 到 12 小時。

混合材料：隔天，在裝有酵母溶液的大碗中再加入兩種麵粉、蜂蜜、鹽和麥芽粉，使用木質湯匙攪拌均勻後倒入內側鋪有烤盤紙的蛋糕或吐司烤模。
在麵團接觸空氣的表面，略為噴灑一點水分並且撒上少許麥片或燕麥片。

發酵和烘焙：將麵團在室溫下靜置發酵 2 到 3 小時（依據室溫條件不同）。烤箱預熱 175℃，烘烤約 1 小時到 1 小時 15 分鐘即可。
裸麥雜糧種籽吐司麵包出爐後，請先放涼數小時再來切片。最好可以等到隔天再來切片享用。

法式長棍麵包（低溫自我分解法）

材料列表
100 克 天然活性酵母
330 克 過濾水
500 克 灰分 T65 麵粉（可用高筋麵粉替代）
10 克 鹽

製作方法

自我分解：取一只大碗，將水和麵粉倒入碗中，使用木質湯匙快速攪拌讓麵粉與水混合後，蓋上碗蓋或以保鮮膜密封，將麵團放入冰箱冷藏一夜。

加入酵母：隔天將麵團倒入桌上型攪拌機隨附的不鏽鋼盆中，加入天然活性酵母，使用攪拌機將酵母均勻拌入麵團。蓋上乾布，讓麵團再度靜置 30 分鐘。

加入鹽：將鹽均勻撒在麵團上，持續攪拌直到麵團呈現光滑外表並且不會沾黏盆壁為止。

第一次發酵和摺疊法收麵：將麵團略為整圓，放入密封保鮮盒或盆中，蓋上蓋子，依據室溫條件不同讓麵團靜置發酵 3 到 4 小時。發酵過程中，每隔 45 分鐘使用摺疊法收麵一次（共需三次）。
發酵結束後，蓋上蓋子密封，放入冰箱再冷藏一夜。

分割和滾圓：將麵團倒出放在撒過麵粉的工作檯面上，使用切麵刀將麵團分切為 230-250 克重量的麵團。這樣的大小會比傳統法式長棍來得迷你，但是更適合用於家用烤箱和一般烘焙用石板烤盤。
將分割後麵團使用摺疊法略為收圓。

鬆弛和整形麵團：將麵團蓋上保鮮膜，在室溫下休息 20 到 30 分鐘，然後使用雙手和切麵刀替麵團整形。用掌心（避免使用手指）將麵團由中心向外推開，然後將上下兩側的麵團朝中心線收摺，再用雙手從中央往左右延伸滾動拉長麵

團。重複幾次推開、上下側往中心收摺、雙手朝左右滾動拉長的手法，便可以做出漂亮的長棍麵團。

第二次發酵：將長棍麵團放在撒過麵粉的整形發酵亞麻布上，麵團接縫處朝向上方，靜置 1 小時 30 分鐘。

割紋：將麵團倒在舖有烤盤紙的木砧板上，麵團接縫處朝下，使用刀片快速畫出割紋。

烘焙：將烘焙用石板烤盤置於烤架上，烤箱下層也放入隨附烤盤。將石板、烤架與烤盤一起以 250℃ 預熱 45 分鐘。接著將放在亞麻布上的長棍麵團，利用木鏟或木砧板托起，快速地滑入烤箱內的石板上，同時在下方烤盤倒入一杯熱開水後，迅速關上烤箱門。

法式長棍麵包的烘焙時間約 20 分鐘，待表面呈金黃色澤即可出爐。

不一樣的選擇

想要製作出獨家風味的法式長棍麵包嗎？可以試試看在麵團中加入一點薑黃粉，保證香氣逼人，獨一無二！

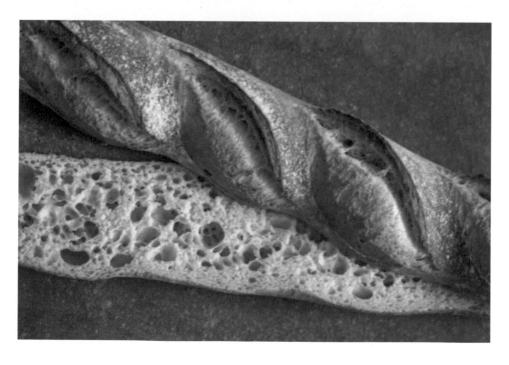

小訣竅：如果是坊間一般的麵包食譜，
也可以換成用天然酵母來製作嗎？

　　一旦你體會了天然活性酵母的美味和樂趣，或許你會想要試試看本書以外的麵包食譜。你其實可以將一般的商用速發酵母換成你自己培養的天然活性酵母來試作看看。

　　將市售的速發酵母換成天然活性酵母的方法有許多種。理論上來說，一旦你理解先前章節提到的水合率，也就是液態酵母中和麵粉的比例，那麼將一般食譜轉換成使用天然活性酵母的食譜便不會是一件難事。不過，還有一件要特別注意的事，就是一般食譜中速發酵母的添加比例。

　　一旦把握住這兩點關鍵比例，便可以隨時修改你的食譜成為使用天然酵母的麵包食譜。

　　本書中的食譜都是採用 100% 水合率的液態酵母，也就是說，酵母的重量有 50% 來自於水，另外 50% 來自於麵粉。因此在修改食譜的時候，你加入了多少的液態酵母，就必須減少原本食譜中水和麵粉的使用量。因為其中一部分的量已經內含在酵母當中。

　　建議你以食譜中麵粉重量的 20%，作為天然酵母的添加量參考，然後隨著製作經驗的增加再來逐漸調整比例。也就是說，如果原先食譜中需要使用 1 公斤的麵粉，那麼就請你加入 200 克的天然活性酵母。如果食譜中原先所使用的速發酵母需要 1 小時的發酵時間，那麼使用天然活性酵母大概會需要 3 到 4 小時的發酵時間。多做幾次之後，你就會找到最適合你的天然酵母的使用法則以及理想成果。

第六章

可不是只有
麵包而已！

天然酵母一開始主要是用來製作麵包，不過你知道其實也能
使用在除了麵包以外的各種食譜當中嗎？無論是甜點還是鹹
食皆宜！不只美味，更能依據食譜自由調整使用天然酵母的
量，如此一來，你每次培育出的天然酵母就不會有絲毫浪費
了！

外酥內軟焦糖鬆餅

材料列表

200 克　天然活性酵母

275 克　灰分 T55 白麵粉（可用中筋麵粉替代）

120 毫升　牛奶

2 顆　雞蛋（選擇大粒蛋）

160 克　融化奶油

150 克　珍珠糖

1 小撮　鹽

製作方法

1　將酵母、麵粉和牛奶倒入大碗或盆中，以木質湯匙攪拌均勻。麵糊顯得略為乾澀是正常現象。將麵糊靜置 2 到 3 小時（依據室溫條件不同），麵團體積會膨脹至原先的兩倍大。

2　將發酵麵糊倒入桌上型攪拌機隨附的不鏽鋼盆中，加入蛋和 1 小撮鹽，使用附帶的攪拌槳開始攪拌。剛開始麵糊會看起來像泡芙麵糊一般質地不均，但持續攪拌會逐漸形成滑順的麵糊外觀。

3　將雞蛋均勻混入麵糊後，再依序加入融化奶油，此時繼續攪拌並加快攪拌機的速度以製作均質麵糊。

4　以湯匙或矽膠刮刀將珍珠糖拌入麵糊當中。

5　預熱鬆餅機，使用湯匙舀取適量麵糊倒入烤模中央，蓋上鬆餅機並注意烘烤狀態。鬆餅烤至外表金黃焦脆即可取出。
將鬆餅自鬆餅機取出時，請小心不要燙傷。使用兩隻叉子讓鬆餅脫模，稍為放涼後即可享用。

杏桃果乾雜糧種籽蛋糕

材料列表

120 克 天然活性酵母

150 克 灰分 T65 白麵粉（可用高筋麵粉替代）

50 克 灰分 T150 斯佩爾特小麥麵粉

225 毫升 無糖煉乳

2 顆 雞蛋（選擇大粒蛋）

120 克 融化奶油

100 克 白砂糖＋1 小包香草糖（約 7.5 克）

25 克 綜合種籽（亞麻籽、罌粟籽、芝麻皆可）

6 到 7 顆 杏桃果乾

2 茶匙 泡打粉

1 小撮 鹽

製作方法

1 烤箱預熱 200℃。

2 取一只碗，將酵母摻入無糖煉乳中，加入雞蛋並混合均勻後，再拌入白砂糖和香草糖。

3 取另一只碗，倒入兩種麵粉、各式種籽、鹽和泡打粉，混合均勻。

4 將兩碗中的材料混合攪拌，製作出質地均勻的麵糊。攪拌過程中逐步倒入融化奶油並混合均勻。

5 將杏桃果乾切成小丁後，倒入麵糊攪拌均勻。

6 烤箱以高溫預熱 10 分鐘，將蛋糕烤模塗上奶油後倒入麵糊，送入烤箱後隨即將烤箱溫度轉低至 175℃，烤 30 到 40 分鐘即可。
   蛋糕表面會呈現金黃色澤，使用牙籤刺入蛋糕中央確認熟度：牙籤如果順利取出沒有沾黏麵糊，代表大功告成。

胡桃熔岩巧克力布朗尼

材料列表

150 克　天然活性酵母

200 克　烘焙用黑巧克力

2 顆　雞蛋（選擇大粒蛋）

130 克　白砂糖

125 克　奶油

100 克　水滴巧克力豆

100 克　胡桃仁，切碎備用

1 小撮　鹽

製作方法

1　取一只碗，將黑巧克力壓碎，奶油切成小丁後置於碗中，放進微波爐加熱融化。

2　加入砂糖並攪拌均勻，接著分次混入兩顆蛋，一次一顆。最後再混入酵母和鹽，仔細攪拌製作出表面光滑且質地均勻的麵糊。

3　使用木質湯匙拌入水滴巧克力豆和碎胡桃仁。

4　將蛋糕烤模塗上奶油後倒入麵糊，放入 180℃的烤箱烘烤約 20 分鐘即可。出爐的布朗尼會保有外酥內軟、入口即化的口感。

布里歐果醬夾心麵包

材料列表

500 克 灰分 T45 高彈性麵粉（T45 比賽專用粉）

185 克 天然活性酵母

100 克 白砂糖

4 顆 雞蛋（選擇大粒蛋）

80 毫升 溫牛奶

225 克 奶油，室溫下放軟備用

2 茶匙 香草精

7 克 鹽

內餡：各種口味果醬皆可

最後裝飾：蛋黃液（1 顆蛋黃＋1 湯匙水）

製作方法

1   將溫牛奶和天然活性酵母倒入桌上型攪拌機隨附的不鏽鋼盆中，以木質湯匙
    或矽膠刮刀攪拌均勻。

2   在不鏽鋼盆中加入麵粉、白砂糖、鹽和香草精，略為攪拌即可。

3   使用桌上型攪拌機中（附攪拌勾），邊攪拌邊加入雞蛋，一次一顆，持續攪
    拌數分鐘直到形成均質的麵團。

4   分次加入奶油，中間過程持續攪拌。每次的量不要加入太多，記得不時停下
    機器使用圓弧切麵刀或矽膠刮刀將盆壁和攪拌勾上附著的麵團和奶油刮下。
    持續攪拌直到麵團呈現光滑的均質狀態為止。

5   將麵團倒入內側塗上奶油或食用油的大碗或盆中，以保鮮膜覆蓋放置於室溫
    較高處，讓麵團靜置發酵 3 到 4 小時（依據室溫條件不同），直到麵團體積
    膨脹至原先的兩倍大。

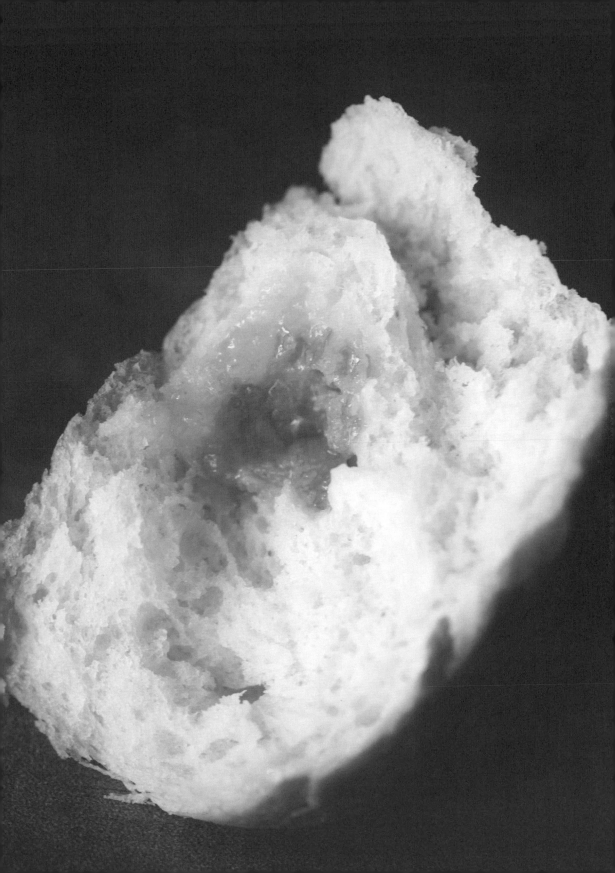

6 將麵團稍為攪拌整圓，並將麵團內多餘的大氣泡排出，然後繼續以保鮮膜覆蓋密封，放入冰箱冷藏一夜。這個步驟會讓後續整形麵團的作業變得更為輕鬆。

7 隔天將麵團倒在撒上薄麵粉的工作檯面上，使用切麵刀將麵團分切為同等大小的小麵團。如果想要製作小餐包大小的布里歐果醬夾心麵包，每份麵團大約 90 克左右即可。

8 將分切的小麵團用手掌稍為壓平，在麵團中央的凹陷處放上 1 茶匙的果醬，將邊緣的麵團朝中央上方捏起，使果醬被包在麵團中心，然後將麵團整為球形。

9 把麵團放在塗過奶油的砧板上，室溫下靜置發酵約 2 小時左右（依據室溫條件不同）。

10 將麵團放入事先以 180℃ 預熱的烤箱。小餐包大小的布里歐麵包約需要烘烤20 至 25 分鐘，體積較大的布里歐麵包則可再延長烘烤時間。

維也納千層油酥麵團

（可頌麵包、巧克力捲心麵包、葡萄乾捲心麵包）

材料列表（可製作約 **12** 個麵包分量）

130 克 天然活性酵母

190 毫升 溫牛奶

40 克 蛋黃

350 克 綜合麵粉（灰分 T65 麵粉 + 灰分 T45 高彈性麵粉各半）

100 克 灰分 T110 或 T150 麵粉

25 克 奶油，室溫下放軟備用

50 克 白砂糖

8 克 鹽

250 克 奶油，製作千層酥皮使用（選擇乳脂肪含量 82% 的奶油）

蛋黃液：1 顆蛋黃 +1 湯匙水

製作方法

準備基礎麵團：除了製作千層酥皮所使用的奶油以外，將其他所有材料倒入桌上型攪拌機隨附的不鏽鋼盆中，攪拌至形成光滑均質麵團為止。將麵團包上保鮮膜，放入冰箱冷藏一夜。

另外，將製作千層酥皮所使用的奶油夾在兩張烘焙用烤盤紙中間，使用擀麵棍擀平成正方形，以利後續與麵團疊合和擀平的作業。奶油擀平成正方形後，放進冰箱冷藏。

摺疊、擀平和靜置：隔天將奶油先從冰箱取出，放置於室溫下 20 分鐘讓奶油的質地稍軟，能輕易被擀開。然後再將麵團自冰箱中取出，擀開成大正方形，在中間放上斜轉呈菱形的小正方形奶油片（請見下頁圖片），像摺疊信封般地把麵團朝中央黏合，並把奶油片包在中間。

在撒過薄麵粉的工作檯面上，將麵團擀成長度為寬度三倍的長方形。然後從長邊摺回兩摺變回正方形，再放入冰箱冷藏靜置至少 30 分鐘。重複此一步驟，再從冰箱拿出來擀開成三倍長度的長方形麵團，再回摺成正方形，冷藏靜置至少

30 分鐘。同樣的摺疊擀平作業總共重複三次。

摺疊擀平三次後，使用保鮮膜包覆千層麵團，然後放入冷藏靜置 1 個半小時。此一靜置步驟能讓後續整形麵團更為得心應手。

麵團整形與最後裝飾：以維也納千層油酥麵團製作可頌麵包時，將麵團擀成厚度 0.5 公分的長方形，然後頭尾相接分切成十幾份三角形麵團（請見下頁圖片），在每個三角形的底部劃開一道小切口，順著切口輕輕地向外拉開，如同鐵塔造型一般從腳座往塔尖方向捲成可頌形狀。捲動的時候記得動作輕柔，不要捲壓太緊，然後在每個可頌上塗上一層蛋黃液。

製作巧克力捲心麵包時，同樣將麵團擀成厚度 0.5 公分，在擀平的麵團邊緣放上巧克力條彼此相鄰（請見下頁圖片），並以巧克力條為分界，分切出數個小

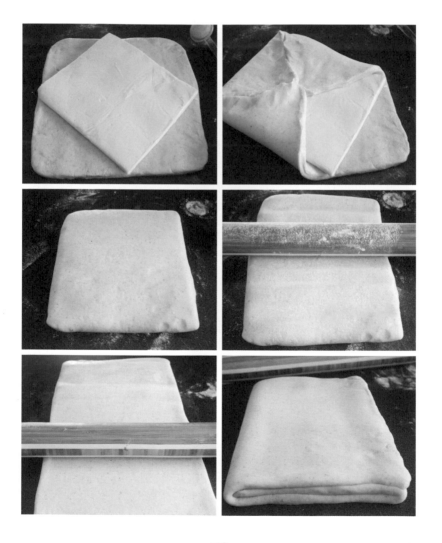

長方形麵團。以巧克力條為軸心捲起麵團，並在捲到一半時放上第二條巧克力條。動作輕柔，捲出巧克力麵包的形狀後，在每個麵包表面塗上一層蛋黃液。

　　同樣的製作方式也可以拿來製作葡萄乾捲心麵包。

靜置休息： 以維也納千層油酥麵團製作的麵包，在麵團整形完成後需要靜置休息數小時，依據室溫狀況，平均大約需要靜置 4 小時左右，最長可到 6 小時。麵團在靜置過後會出現發酵膨脹的現象。

烘焙： 烤箱以 200 度 C 預熱。此時將麵團塗上第二層蛋黃液，然後送入烤箱以 200℃烘烤 10 分鐘左右，再將烤箱溫度降低至 180℃繼續烤 15 分鐘。等到麵包外表呈現金黃酥脆的模樣時即可出爐。

基礎瑪芬蛋糕配方

材料列表

180 克 天然活性酵母

175 克 水（或 50% 水＋ 50% 牛奶）

80 克 白砂糖

20 克 蜂蜜

75 克 融化奶油

320 克 灰分 T45 麵粉（可用低筋麵粉替代）或灰分 T55 麵粉（可用中筋麵粉替代）

1 茶匙 泡打粉

1 小撮 鹽

1 茶匙 香草精

內餡配料：各式莓果、香蕉、水滴巧克力豆皆可

製作方法

1 取一只大碗，倒入水（或是 50% 水＋ 50% 牛奶）並加入酵母攪拌溶解。接著加入麵粉，用木製湯匙快速攪拌混合後，靜置 1 到 2 小時（依據室溫條件不同）。

2 加入融化奶油、糖和蜂蜜，開始攪拌，接著加入鹽、泡打粉和香草精。由於需要較長的攪拌時間，建議你可以使用桌上型攪拌機（附攪拌槳）來製作出均質麵糊。

3 依據個人喜好加入各種莓果、水滴巧克力或者是切碎的水果乾。

4 用湯匙舀取麵糊倒入瑪芬蛋糕烤模至七分滿即可。

5 烤箱以 180℃預熱。將麵糊放入烤箱烘烤約 20 分鐘，烤至瑪芬蛋糕體積膨脹且表面呈金黃色即可出爐。

基礎沙狀麵團配方
（法式甜塔、法式鹹派）

材料列表

220 克 灰分 T45 麵粉（可用低筋麵粉替代）或灰分 T55 麵粉（可用中筋麵粉替代）

200 克 奶油，冷藏備用

2 湯匙 細白糖粉（用於製作甜塔皮）

2 大撮 鹽

80-100 克 天然活性酵母

蛋黃液：1 顆蛋黃和 1 湯匙水

製作方法

1 取一只大碗，倒入麵粉、糖粉和鹽。將奶油從冰箱冷藏取出，直接切成小塊後放入碗中攪拌。麵粉和奶油混合會形成不均質的大小顆粒，繼續攪拌到質地如同粗麵包粉的顆粒狀態即可停止。這個步驟也可使用桌上型攪拌機（附攪拌刀）來完成。

2 分次將酵母一點一點倒入，像黏著劑般把麵團顆粒聚合。此步驟切勿揉捏或攪拌，請使用黏合的方式把所有顆粒黏成一塊大麵團。將完整麵團用保鮮膜包裹起來後，放入冰箱冷藏數小時，最好可冷藏一夜。

3 隔天從冰箱中取出麵團，放置在室溫下數分鐘回溫。讓麵團略為軟化以方便整形操作。

以製作鄉村水果塔為例，只需要將麵團擀平後，在中間鋪滿水果（例如果泥和水蜜桃片），將塔皮邊緣朝上收摺並塗上蛋黃液及撒上些許糖粉，送入烤箱以 200℃烘烤約 20 分鐘，一道美味的甜點就完成了！

發酵手工麵條

材料列表

100 克 杜蘭小麥麵粉（硬粒小麥麵粉）

200 克 灰分 T55 麵粉（可用中筋麵粉替代）

80 克 天然活性酵母

2 顆 蛋

1 湯匙 橄欖油

1 大撮 鹽

1 小碗水和 1 小碗麵粉，供調整麵團質地備用

製作方法

1 取一只大碗，倒入兩種麵粉後，加入鹽、橄欖油和天然活性酵母，以木質湯匙攪拌混合。

2 加入兩顆蛋，使用雙手攪拌麵團並揉捏整形成球狀麵團。依據麵粉吸收蛋液的情況，適時加水或乾麵粉調整麵團質地。如果麵團太乾硬，可以逐次多加一些水。相反地，如果麵團太濕黏，則需要再多加一些乾麵粉。麵團的理想質地為緊實但不乾澀，濕潤但不沾黏。

3 把麵團整形成球狀後，使用保鮮膜包覆，放入冰箱冷藏數小時，最好可冷藏一夜。

4 隔天將麵團放在撒過薄麵粉的工作檯面上，以擀麵棍把麵團擀成寬長條狀，將麵團送進手工製麵機壓麵，壓完之後對折，撒上些許乾麵粉，再送進製麵機壓製第二次。準備一個晾麵架，或是在工作檯面上鋪上乾布，上頭撒上一些乾麵粉。將壓扁的麵皮送進切麵器裁切後，將切好的麵條放在架上或布上以防止沾黏。

如果沒有製麵機的話，也可以使用擀麵棍把麵團擀平後，再以切麵刀或菜刀手工裁切麵條。準備一鍋煮沸的滾水，加入少許鹽，然後把麵條放入鍋中煮幾分鐘，撈起瀝乾之後即可享用！

天然酵母甜甜圈

材料列表

150 克 天然活性酵母

150 毫升 溫牛奶

50 克 白砂糖

150 克 雞蛋

70 克 奶油，室溫下放軟備用

450 克 灰分 T55 麵粉（可用中筋麵粉替代）或灰分 T45 麵粉（可用低筋麵粉替代）

1 湯匙 香草精

7 克 鹽

製作方法

準備麵團：在桌上型攪拌機隨附的不鏽鋼盆中，將天然活性酵母摻入溫牛奶中溶解，然後加入雞蛋、香草精和砂糖，攪拌均勻。

接著在盆中加入麵粉和鹽，開啟機器攪拌以形成均質麵團。最後加入室溫下放軟的奶油，持續攪拌直到麵團表面呈現光滑細膩的質地為止。

第一次發酵：將麵團放入塗過食用油的盆中，蓋上蓋子密封，室溫下靜置發酵 3 至 4 小時。

第一次發酵結束後，用手掌稍為按壓讓麵團中的大氣泡排出，然後再蓋上蓋子密封，放入冰箱冷藏一夜。

分割和麵團整形：將麵團倒在撒過薄麵粉的工作檯面上，以擀麵棍擀成厚度 1.5 公分的麵團。以圓形切模或是小咖啡杯倒扣切出圓圈麵團。取一只烤盤，鋪上烤盤紙後再灑上薄麵粉，然後把切好的甜甜圈麵團放在烤盤上分散擺開。

第二次發酵：讓甜甜圈麵團在室溫下靜置 2 到 2.5 小時，直到麵團體積膨脹成原先的兩倍大。

油炸：取一只鍋熱油或是預熱油炸機，將甜甜圈麵團放入在熱油中，觀察油炸的情況。

等到甜甜圈開始浮上油鍋表面時，將甜甜圈翻面繼續油炸直到兩面都呈現金黃外皮為止。將炸好的甜甜圈放到烤架上瀝油。

最後裝飾：在甜甜圈上可以撒上細白糖粉、融化的巧克力或是肉桂糖粉，趁熱享用！

披薩麵團

材料列表

150 克 天然活性酵母

320 克 過濾水

500 克「00 級」披薩專用粉（可使用灰分 T65 麵粉或高筋麵粉替代）

10 克 鹽

10 克 橄欖油，另外準備一小碗供製作麵團時備用

製作方法

自我分解：取一只大碗，倒入水、麵粉和橄欖油。使用木質湯匙快速攪拌混合三項材料後，讓麵團靜置 30 到 45 分鐘進行自我分解。

加入酵母：使用木質湯匙或桌上型攪拌機（附攪拌勾），將酵母拌入麵團。確保酵母均勻混入麵團後，覆蓋上一層乾布，再次靜置麵團 20 分鐘。

加入鹽：將鹽均勻撒在麵團上，再次攪拌直到鹽完全溶入麵團且麵團呈現光滑外表為止。

第一次發酵：將麵團放入塗過食用油的盆中，蓋上乾布，室溫下靜置發酵 3 至 4 小時。

分割和滾圓：將麵團倒出放在撒過薄麵粉的工作檯面上，根據需要的大小，用切麵刀將麵團分切成 4 或 5 等份，接著再把每份麵團使用雙手滾圓。

第二次發酵（冷藏發酵）：用手沾取橄欖油後再拿起每塊麵團，替麵團塗上薄薄的一層橄欖油，然後放置在烤盤上並用保鮮膜包覆。將麵團放入冰箱冷藏至少一夜，冷藏發酵時間可持續 24 至 48 小時。

麵團整形、選擇配料和烘焙：將麵團從冰箱取出，撒上一層麵粉然後擀平。依個人口味喜好擺上配料（蕃茄糊加上莫札瑞拉乳酪就是最簡單的瑪格麗塔披薩），烤箱預熱 250℃，將披薩送入烘烤約 15 分鐘即可享用。

全粒粉英式瑪芬（滿福堡）

材料列表

200 克 天然活性酵母

150 克 灰分 T150 全粒粉（建議使用石臼研磨的全粒粉）

330 克 灰分 T55 白麵粉（可用中筋麵粉替代）或灰分 T65 白麵粉（可用高筋麵粉替代）

140 毫升 溫牛奶

140 克 過濾水

30 克 奶油，室溫下放軟備用

9 克 鹽

製作方法

1 先將牛奶和過濾水倒入大碗或桌上型攪拌機隨附的不鏽鋼盆中，接著加入天然活性酵母。活性良好的天然酵母應該會浮在牛奶和水的上方。

2 在盆中加入兩種麵粉，使用木質湯匙攪拌混合後，靜置 30 分鐘。

3 使用桌上型攪拌機，將麵團加入鹽和奶油後，開啟攪拌數分鐘，直到麵團表面光滑並且不沾黏盆壁為止。

4 用保鮮膜覆蓋不鏽鋼盆，室溫下靜置休息 3 到 4 小時（依室溫條件不同），直到麵團體積膨脹至原先的兩倍大後，放入冰箱冷藏一夜。

5 隔日從冰箱取出麵團後，等分成柳丁大小的小麵團。將小麵團逐一滾圓後放在撒有粗粒小麥粉和麵粉的乾布上，靜置 1 到 2 小時。

6 以中火加熱平底不沾鍋，無須用油，將英式瑪芬麵團放入鍋中乾煎至兩面呈現金黃微焦外表即可。
英式瑪芬的吃法可以像吐司一樣，簡單抹上奶油和果醬就十分美味！

義式紅醬帕梅善乳酪捲

材料列表

100 克 天然活性酵母

500 克 灰分 T45 麵粉（可用低筋麵粉替代）

150 克 溫牛奶（選擇低脂牛奶）

150 克 過濾水（選擇與室溫溫度相同的過濾水）

65 克 奶油，室溫下放軟備用

8 克 鹽

40 克 帕梅善乳酪

3 湯匙 義式紅番茄醬

蛋黃液：1 顆蛋黃＋1 湯匙水

少許 雜糧種籽（此處使用的是黃金亞麻籽）

1 束 西洋香菜或羅勒，切碎備用

製作方法

1 將牛奶、水和酵母倒入桌上型攪拌機隨附的不鏽鋼盆中，使用木質湯匙讓酵母溶解，然後加入麵粉，再用木質湯匙輕輕攪拌數秒鐘初步混合即可。不要使用機器攪拌，讓麵團靜置休息 40 分鐘。

2 使用桌上型攪拌機，在麵團中加入鹽和奶油，開啟攪拌直到形成表面光滑、不沾黏盆壁的均質麵團為止。

3 將麵團整圓成球狀後放入塗過食用油的大碗中，室溫下靜置發酵 3 至 4 小時（依據室溫條件不同），直到麵團體積膨脹成原先的兩倍大。

4 將麵團倒在撒過薄麵粉的工作檯面上，使用擀麵棍擀平成厚度 1 公分的長方形麵團。

5 使用矽膠刮刀在麵團表面塗抹義式紅番茄醬，撒上帕梅善乳酪和切碎的西洋香菜。將鋪滿餡料的麵團像壽司般捲起，然後放入冰箱冷藏 30 分鐘以方便後續分切。

6 將切麵刀或菜刀沾濕後，把麵捲分切成 1.5 公分寬的厚度，將麵捲平放在鋪有烤盤紙的烤盤上或塗過食用油的烤模中。

7 將麵捲靜置 2 到 2.5 小時後，再塗上蛋黃液和撒上少許黃金亞麻籽作為裝飾。

8 烤箱預熱 190℃。將麵捲送入烤箱烤約 20 分鐘，等到外表呈現金黃色澤即可出爐。義式紅醬帕梅善乳酪捲出爐後，可以在上頭淋上少許橄欖油，並在開動前撒上一些新鮮或乾燥的西洋香菜末，更增添乳酪捲的美味與香氣。

遇到困難了嗎：
疑難雜症和解決之道

怎麼辦？如果我的酵母……

……它看起來很不活耀，
放了許多天但是卻沒冒甚麼泡泡？

　　有時候野生酵母的表現會比平常來得差，不但生長緩慢而且不太冒泡。這可能當中有好幾種不同的原因，像是麵粉的品質問題等等。不過在你考慮要把酵母倒掉或者重新製作的時候，建議你可以先試試看「搶救」你的酵母，讓它起死回生。以下有一些小撇步供你參考。

- 如果單單只用白麵粉來培育天然酵母的話，建議你試試看用灰分 T150 或灰分 T170 的有機麵粉（可使用有機全麥麵粉替代）來製作新的補充液。
- 加入少許蜂蜜。
- 將一部分補充液的過濾水，換成水果發酵的培養液（請見第 42 頁）。
- 如果室溫太低的話，將發酵瓶添加補充液後放到室內比較溫暖的位置。

……如果酵母發出臭味，
而且長出像是黴菌菌絲般的東西？

在練習培育製作天然酵母的過程中，你的鼻子會越來越靈，可以精準嗅出好酵母的味道。好的酵母會帶有一股優格的味道，是一種略帶水果香氣的乳酸菌氣味，決不會讓人感到不適。不過有時候，發酵的過程出了差錯，打開發酵瓶就會聞到一股刺鼻的臭味！

只要培養的酵母發出臭味，或者更甚者，可以見到一絲絲像是黴菌的東西。千萬別遲疑，馬上倒掉清洗乾淨。不要冒任何的風險，直接重新製作，這一次從頭開始確認每一個環節不要出錯！

……如果酵母表面有一層結塊的東西呢？

在培養酵母的時候所使用的玻璃罐，記得要將瓶口封蓋，不要任由酵母與外在空氣接觸。這並不代表一定要用氣密保鮮罐或是要將瓶口徹底防漏，只要簡單蓋住瓶口，就算是放一個小碟子蓋在瓶口上方也行。重點是要避免與外界空氣接觸以及防止水分蒸發散逸。

表面結塊的部分不用特別取出丟掉，只要在下一次添加補充液的時候，把結塊的部分重新溶解到水裡，它還是可以作為酵母的養分使用。這次別忘了把瓶口蓋上。

……如果酵母出現上下分離的狀況？

當酵母放在冰箱冷藏較久的時間後，有時候會發現瓶中出現酵母和水上下分離的狀況。酵母沉在瓶底，而水分浮在上層，有時候顏色還較深。會出現這樣的狀況通常是因為儲藏太久，沒有及時添加補充液供給酵母營養所導致。

不用特別把上層的水倒掉，只要在添加新的補充液之前，記得先用木質湯匙攪拌瓶中的酵母液即可。

怎麼辦？如果我的麵團……

……它發不起來

在經過第一次發酵和第二次發酵作業之後，有時候還是會出現讓人氣餒的事情，那就是麵團沒有發起來的跡象。麵團通常發不起來的原因，不外乎酵母活性不足或是發酵的環境溫度不夠高。

- 在培育天然酵母的時候，記得要等到酵母活性達到最高峰的時候，再拿來摻入麵團。就算頭幾天酵母培養液已經呈現活躍的發酵跡象，也請你一定要保持耐心，按照既定的時間表來培養可供使用的天然酵母。用來發酵麵團的天然酵母，內部其實是多種微生物的平衡組合，就算一開始部分微生物的活力就很旺盛，但是要讓整體天然酵母當中所有的微生物達到系統性平衡還是需要許多天的時間。請務必遵守天然酵母的製作培育時間表。
- 在開始製作麵團之前，請記得先利用第 40 頁中介紹的「漂浮測試」，來檢測天然酵母的活性是否足夠供麵團發酵使用。
- 在冬天或者溫度較低的地方，環境室溫會延緩甚至阻礙發酵工作的進行。因此要讓麵團得以順利發酵，可以先將麵團放到比較溫暖的地方，像是烤箱和電暖器附近的位置來提高環境溫度。
- 食譜中的發酵時間都僅供參考。若要確保每一次的麵團發酵都能成功，需要練習觀察麵團膨脹的速度和發酵的種種跡象。每個人製作的野生天然酵母所需要的發酵時間都不相同。如果感覺麵團發酵膨脹得還不夠，建議延長第一次或第二次發酵的時間，匆忙趕時間的結果通常都會不盡人意。

……麵團太過濕黏

太軟、水分太多的麵團很難施展操作，特別對於初學者而言更是如此。

- 請記得不要在一開始便把所有的水量一口氣倒入，特別在你還不瞭解所使用的麵粉特性的時候。水加得太多只會導致麵團難以成型。請記得水要分批地一點一點加入，不僅會方便你每次調整食譜需要的水量，也讓你接下來的麵團整形作業更容易上手。
- 試著多練習使用摺疊法來收麵，摺疊法的好處在於可以透過拉扯給予麵團更多的彈性與強度。
- 請多利用切麵刀來替麵團整形，以免因為麵團太濕反而再加入過多的乾麵粉導致比例失衡。
- 在室溫下進行第二次發酵結束後，將發酵籃連同麵團放入冰箱冷藏數分鐘，除了讓割紋能夠更為順利，也能夠幫助麵團在烘焙時不易塌陷。

怎麼辦？如果我的麵包……

……它太過扎實

麵包出爐後，外皮看起來金黃酥脆，但是在切開的時候卻發現麵包內裡太過扎實、一點也不鬆軟……這可能有幾種原因：首先，可能酵母的活性不夠，又或者麵團的水分不足，也有可能是發酵的時間不夠長所導致。

- 酵母活性是否足夠的問題，請使用第 40 頁中介紹的「漂浮測試」來檢查看看。
- 水分不足的問題，在下一次製作同樣食譜的時候請記得提高水合率。不過別忘記分批一點一點的增加水量，不要為了柔軟的麵包內裡而一口氣倒下過多的水淹過麵粉。
- 嚴格遵守發酵時間。如同在先前所述，每個人培育的天然活性酵母都有各自獨特不一樣的發酵節奏，需要的時間也不盡相同。請試著再多給一點發酵時間！

……口味太酸

如果麵包的外觀非常漂亮沒有問題，但是咬下咀嚼的時候卻覺得麵包發酸。這是由於使用了太酸的酵母所導致。將酵母放在冷藏的時間過久或是使用固態酵母，往往容易產生過多的醋酸，導致最後的麵包成品帶有一股酸味。

- 請使用麵粉和水一比一所調配培養出來的液態酵母。如果使用固態酵母，記得如同液態酵母一樣，將酵母秤重後再行調整食譜內的水和麵粉比。在開始作麵團之前，記得將所有材料都秤重一遍，以確保正確的材料比例。
- 使用在製作麵團數小時前方才添加過新鮮補充液並且放在室溫下而非冰箱內的液態酵母。

……麵包內裡濕黏，感覺沒有烤熟

在切開麵包的時候，麵包刀上沾黏到麵包裡的麵團，感覺內裡太過濕黏，好像還沒有完全烤透。

- 請確實遵守食譜的發酵時間和烘焙時間，不要任意縮短。比起沒烤熟的麵包，我寧可選擇稍為烤焦一點的外表。沒有完全烤透的麵包，表皮淡白、內部濕軟黏糊，特別是以裸麥麵粉製作的麵團，吃起來實在難以下嚥。
- 麵包出爐後，請靜置放涼後再來分切，不要趁著剛出爐還熱的時候直接分切麵包。

大家一起做麵包！

　　培育屬於自己獨一無二的天然酵母，然後拿來製作屬於自己的風味麵包，對於初學者來說簡直像天方夜譚一樣。尤其是我們對於野生天然酵母的第一印象就是充滿了野性與未知！不過請相信我，只要有第一次的嘗試就會令你的想法完全改觀。你會徹底地變成天然酵母的愛好者，也會愛上天然酵母所帶來的千變萬化滋味。不管是麵包、布里歐奶油麵包、可頌或是蛋糕，幾乎所有的麵包糕點都可以使用天然酵母來製作。使用天然酵母不僅可以滿足口腹之慾，更能夠激發你想像不到的創作才能。

　　製作完成的天然酵母可以保存數年之久，它可以是日常的食材，也能夠以容易保存分享的方式儲藏。當你嘗試的次數越多，慢慢地你會發現實作麵包的樂趣。每次只要當你拿起手中還溫熱的麵包，你會找回平凡卻又帶有神奇的生活樂趣，如同你所吃的天然酵母一樣。

有麵包就會有分享，
有分享就會有感謝。

本書是眾人合力的結晶。首先我要感謝我的編輯以及 Eyrolle 出版團隊，在探索天然酵母麵包的這趟旅程中，始終相信著我並且伴隨我走完全程。

另外我要特別感謝法國鑄鐵鍋品牌 Le Creuset 以及昆內女士（Marie-Béatrice Queinnec），謝謝你們提供的美麗鍋具。

感謝網友以及真實周遭的朋友，謝謝你們一路上對我的鼓勵和打氣。特別感謝我的好友瓦蕾莉（Valérie），她在網路上化名 Coc' La Cairote，也是知名部落客，對於天然酵母的熱愛一點都不輸給我。

本書中的所有食譜，以及那些我分享在部落格或是社交網路的食譜，都是經過我每個步驟親自測試過的。但是除了我本人以外，還是要感謝我的試吃團隊，也就是我的親朋好友，他們是給我打分數最嚴格的美食評論家！

致　我的父母。

致　蘇菲亞，此生摯愛。

自養野生酵母，手作健康麵包
用時間魔法喚醒食材香氣與養分，降低升糖指數，減少麩質過敏，增加礦物質吸收的法式烘焙秘訣

Faire son levain : pour un pain maison au naturel

作　　者／慕尼‧亞布德里（MOUNI ABDELLI）
譯　　者／趙德明（Frederic）
責任編輯／林志恆
封面設計／張　克
內頁排版／張靜怡

發 行 人／許彩雪
總 編 輯／林志恆
行銷企畫／黃怡婷
出 版 者／常常生活文創股份有限公司
地　　址／台北市 106 大安區信義路二段 130 號

讀者服務專線／ (02) 2325-2332
讀者服務傳真／ (02) 2325-2252
讀者服務信箱／ goodfood@taster.com.tw
讀者服務專頁／ http://www.goodfoodlife.com.tw/

法律顧問／浩宇法律事務所
總 經 銷／大和圖書有限公司
電　　話／ (02) 8990-2588（代表號）
傳　　真／ (02) 2290-1628

製版印刷／龍岡數位文化股份有限公司
初版一刷／ 2019 年 8 月
定　　價／新台幣 420 元
Ｉ Ｓ Ｂ Ｎ／ 978-986-96200-9-3

國家圖書館出版品預行編目 (CIP) 資料

自養野生酵母，手作健康麵包：用時間魔法
喚醒食材香氣與養分，降低升糖指數，減
少麩質過敏，增加礦物質吸收的法式烘焙
秘訣／慕尼‧亞布德里 (Mouni Abdelli) 作；
趙德明翻譯 . -- 初版 . -- 臺北市：常常生活
文創, 2019.08
　　面；　公分 .
譯自：Faire son levain : pour un pain maison
　　　au naturel
ISBN 978-986-96200-9-3（平裝）

1. 點心食譜　2. 麵包　3. 酵母

427.16　　　　　　　　　　　108011935

FB｜常常好食　　網站｜食醫行市集